国网新源控股有限公司抽水蓄能电站工程通用设计丛书

开关站分册(上册)

主编　林铭山

颁布　国网新源控股有限公司

中国水利水电出版社
www.waterpub.com.cn
·北京·

内 容 提 要

本书为"国网新源控股有限公司抽水蓄能电站工程通用设计丛书"之一《开关站分册》，分为上下两册，系统地总结和提炼了开关站设计的理论和方法，综合考虑抽水蓄能电站的地形条件、接线方式、环境条件、运行维护要求等多方面因素，对电气一次、电气二次、建筑、结构（土建）、通风空调、给排水和消防等部分进行了通用设计，形成了 10 个通用设计方案。

推广本通用设计，有利于统一建设标准和设备规范，有利于减少资源消耗和土地占用，有利于降低建设和运营成本，将为电站建设、成本控制、资金管理、集中招标等工作的开展奠定坚实的基础。

图书参考资料下载地址：http://www.waterpub.com.cn/softdown

图书在版编目（CIP）数据

开关站分册. 上册 / 林铭山主编. -- 北京 ：中国水利水电出版社，2016.10
 （国网新源控股有限公司抽水蓄能电站工程通用设计丛书）
 ISBN 978-7-5170-4826-8

Ⅰ．①开… Ⅱ．①林… Ⅲ．①抽水蓄能水电站—开关站—研究 Ⅳ．①TV743

中国版本图书馆CIP数据核字(2016)第254409号

总责任编辑：陈东明
责任编辑：李亮　周媛
文字编辑：王雨辰　刘佳宜

书　　名	国网新源控股有限公司抽水蓄能电站工程通用设计丛书 **开关站分册（上册）** KAIGUANZHAN FENCE
作　　者	林铭山　主编
出版发行	中国水利水电出版社 （北京市海淀区玉渊潭南路 1 号 D 座　100038） 网址：www.waterpub.com.cn E - mail：sales@waterpub.com.cn 电话：(010) 68367658（营销中心）
经　　售	北京科水图书销售中心（零售） 电话：(010) 88383994、63202643、68545874 全国各地新华书店和相关出版物销售网点
排　　版	中国水利水电出版社微机排版中心
印　　刷	北京博图彩色印刷有限公司
规　　格	285mm×210mm　横 16 开　10.25 印张　315 千字
版　　次	2016 年 10 月第 1 版　2016 年 10 月第 1 次印刷
定　　价	**420.00 元**

"国网新源控股有限公司抽水蓄能电站工程通用设计丛书" 编委会

主　　编：林铭山
副主编：张振有　黄悦照
委　　员：王洪玉　朱安平　佟德利　张亚武　张全胜　郝荣国　胡万飞　邓学平　吕明治　郑齐峰　傅新芬　徐立佳
　　　　　冯仕能　张战午

《开关站分册》编写人员

审核人员：王洪玉　　朱安平　　张全胜　　佟德利　　李冰　梁国才　　管志新　　王彤会　　王维兴　　杨梅　　蒋一峰　　刘建荣
校核人员：王建明（建筑）　　王建明（电气）　　董捷　仲伟　靳兴华　仇雅静　刘长武
编写人员：郝峰　　魏春雷　　葛军强　　胡清娟　　王小军　李璟延　黄彦庆　　蒋一峰　　杨梅　　靳兴华　　刘严　　王纯
　　　　　杨旭　　任凭　　莫文晶　　张晓凤　　付闽　张大伟　王坤　　欧阳明鉴　胡鹏飞　　祖梦倩　　刘建茹

序

　　抽水蓄能电站运行灵活、反应快速，是电力系统中具有调峰、填谷、调频、调相、备用和黑启动等多种功能的特殊电源，是目前最具经济性的大规模储能设施。随着我国经济社会的发展，电力系统规模不断扩大，用电负荷和峰谷差持续加大，电力用户对供电质量要求不断提高，随机性、间歇性新能源大规模开发，对抽水蓄能电站发展提出了更高要求。2014 年国家发改委下发"关于促进抽水蓄能电站健康有序发展有关问题的意见"，确定"到 2025 年，全国抽水蓄能电站总装机容量达到约 1 亿 kW，占全国电力总装机的比重达到 4％左右"的发展目标。

　　抽水蓄能电站建设规模持续扩大，大力研究和推广抽水蓄能电站通用设计，是适应抽水蓄能电站快速发展的客观需要。国网新源控股有限公司作为世界上最大规模的抽水蓄能电站建设运营管理公司，经过多年的工程建设实践，积累了丰富的抽水蓄能电站建设管理经验。为进一步提升抽水蓄能电站标准化建设水平，深入总结工程建设管理经验，提高工程建设质量和管理效益，国网新源控股有限公司组织有关研究机构、设计单位和专家，在充分调研、精心设计、反复论证的基础上，编制完成了"国网新源控股有限公司抽水蓄能电站工程通用设计丛书"，包括开关站分册（上、下）、输水系统进/出水口分册、工艺设计分册及细部设计分册五个分册。

　　本通用设计坚持"安全可靠、技术先进、保护环境、投资合理、标准统一、运行高效"的设计原则，采用模块化设计手段，追求统一性与可靠性、先进性、经济性、适应性和灵活性的协调统一。该书凝聚了抽水蓄能行业诸多专家和广大工程技术人员的心血和智慧，是公司推行抽水蓄能电站标准化建设的又一重要成果。希望本书的出版和应用，能有力促进和提升我国抽水蓄能电站建设发展，为保障电力供应、服务经济社会发展作出积极的贡献。

2016 年 4 月

前　言

　　为贯彻落实科学发展观，服务于构建和谐社会和建设"资源节约型、环境友好型"社会，实现公司"三优两化一核心"发展战略目标，国网新源控股有限公司强化管理创新，推进技术创新，发挥规模优势，深化完善基建标准化建设工作。公司基建部会同公司有关部门，组织北京勘测设计研究院编制完成"国网新源控股有限公司抽水蓄能电站工程通用设计丛书"《开关站分册》。

　　"国网新源控股有限公司抽水蓄能电站工程通用设计丛书"《开关站分册》是国网新源控股有限公司标准化建设成果有机组成部分。本分册全面系统地总结和提炼了开关站设计的理论和方法，综合考虑抽水蓄能电站的地形条件、接线方式、环境条件、运行维护要求等多方面因素，对电气一次、电气二次、建筑、结构（土建）、通风空调、给排水和消防等部分进行了通用设计，形成了10个通用设计方案。推广本通用设计，有利于统一建设标准和设备规范，有利于减少资源消耗和土地占用，有利于降低建设和运营成本，将为电站建设、成本控制、资金管理、集中招标等工作的开展奠定坚实的基础。

　　由于编者水平有限，不妥之处在所难免，敬请读者批评指正。

编者

2016 年 4 月

目　录

序
前言

第1篇　总　论

第1章　概述 …………………………………… 1
第2章　编制过程 ……………………………… 1
第3章　设计依据 ……………………………… 2
　3.1　设计依据性文件 ………………………… 2
　3.2　主要设计标准、规程、规范 …………… 2
第4章　各技术方案及设计条件 ……………… 3
第5章　主要设计原则 ………………………… 3
第6章　通用设计使用总体说明 ……………… 5

第2篇　方　案　一

第7章　设计说明 ……………………………… 6
　7.1　概述 ……………………………………… 6
　7.2　电气一次部分 …………………………… 7
　7.3　电气二次部分 …………………………… 9
　7.4　开关站设备布置 ………………………… 10
　7.5　土建部分 ………………………………… 11
第8章　主要设备清册 ………………………… 16
　8.1　电气一次主要设备清册 ………………… 16
　8.2　电气二次主要设备清册 ………………… 16
　8.3　供暖通风、消防及给排水主要设备清册 … 18
第9章　设计图 ………………………………… 19

第3篇　方　案　二

第10章　设计说明 …………………………… 35
　10.1　概述 …………………………………… 35
　10.2　电气一次部分 ………………………… 36
　10.3　电气二次部分 ………………………… 38

10.4　开关站设备布置 ……………… 39

10.5　土建部分 ……………………… 40

第11章　主要设备清册 ……………… 45

11.1　电气一次主要设备清册 ……… 45

11.2　电气二次主要设备清册 ……………………… 45

11.3　供暖通风、消防及给排水主要设备清册 ……… 47

第12章　设计图 ……………………………… 49

第4篇　方　案　三

第13章　设计说明 ………………… 65

13.1　概述 …………………………… 65

13.2　电气一次部分 ………………… 66

13.3　电气二次部分 ………………… 68

13.4　开关站设备布置 ……………… 69

13.5　土建部分 ……………………… 70

第14章　主要设备清册 ………………………… 75

14.1　电气一次主要设备清册 ………………… 75

14.2　电气二次主要设备清册 ………………… 75

14.3　供暖通风、消防及给排水主要设备清册 ……… 77

第15章　设计图 ……………………………… 78

第5篇　方　案　四

第16章　设计说明 ………………… 94

16.1　概述 …………………………… 94

16.2　电气一次部分 ………………… 95

16.3　电气二次部分 ………………… 97

16.4　开关站设备布置 ……………… 98

16.5　土建部分 ……………………… 99

第17章　主要设备清册 ………………… 104

17.1　电气一次主要设备清册 ………………… 104

17.2　电气二次主要设备清册 ………………… 104

17.3　供暖通风、消防及给排水主要设备清册 ……… 106

第18章　设计图 ……………………………… 107

第6篇　方　案　五

第19章　设计说明 ………………… 123

19.1　概述 …………………………… 123

19.2　电气一次部分 ………………… 124

19.3　电气二次部分 ………………………… 126

19.4　开关站设备布置 ……………………… 127

19.5　土建部分 ……………………………… 128

第 20 章　主要设备清册 …………………………………… 133

　20.1　电气一次主要设备清册 …………………………… 133

　20.2　电气二次主要设备清册 …………………………… 133

20.3　供暖通风、消防及给排水主要设备清册 …………………………… 135

第 21 章　设计图 …………………………………………………… 136

第1篇 总 论

第1章 概 述

　　抽水蓄能电站工程通用设计是国家电网公司标准化建设成果的有机组成部分，开关站布置一书总结了国网新源控股有限公司（简称国网新源公司）已建电站的经验，结合国内抽水蓄能电站建设及发展趋势，根据不同的主接线方式和电站地理位置，设立了10个典型方案，分别是方案一：四台机组，一回出线，三角形接线，整体"一"字形布置；方案二：四台机组，一回出线，三角形接线，整体前后式布置；方案三：四台机组，两回出线，四角形接线，整体前后式布置；方案四：四台机组，两回出线，内桥形接线，整体前后式布置；方案五：四台机组，两回出线，四角形接线，分体式"一"字形布置；方案六：四台机组，两回出线，内桥形接线，分体式"一"字形布置；方案七：六台机组，两回出线，五角形接线，整体前后式布置；方案八：六台机组，两回出线，双母线接线，整体前后式布置；方案九：六台机组，两回出线，五角形接线，分体式"一"字形布置；方案十：六台机组，两回出线，双母线接线，分体式"一"字形布置。通用设计在统一抽水蓄能电站各系统设计的基础上研究典型布置方案。

第2章 编 制 过 程

　　2014年4月2日，国网新源公司举行了抽水蓄能电站工程开关站、输水系统进/出水口、细部设计、工艺设计等通用设计启动会，中国电建集团北京勘测设计研究院有限公司（简称北京院）承担开关站通用设计工作。

　　会后北京院成立了项目组，对所承担的工作进行了精心策划和分析研究，5月下旬完成了工作大纲的编制；8月15日完成了最具备代表性的方案三和方案五的通用设计；并对其他8个方案需要重点研究的问题进行了剖析。2014年10月23—24日，国网新源公司组织专家对通用设计方案三和方案五进行了评审，并进一步明确了下阶段的工作思路。

　　2014年12月25日，北京院完成了抽水蓄能电站工程通用设计开关站分册的报审稿。

　　2015年5月12—15日，国网新源公司再次组织专家对报审稿进行了最终评审。2015年7月，北京院完成定稿。

第3章 设 计 依 据

本通用设计根据《国网新源控股有限公司抽水蓄能电站工程通用设计工作方案》《抽水蓄能电站开关站、进出水口等工程通用设计启动会会议纪要》，以及各次评审会议纪要的要求进行编制。

3.1 设计依据性文件

(1)《国网新源控股有限公司抽水蓄能电站工程通用设计工作方案》。

(2)《抽水蓄能电站开关站、进出水口等工程通用设计启动会会议纪要》。

(3) 现行相关的国家标准、规程、规范，电力行业标准和国家政策。

(4) 国家电网公司颁布的有关企业标准、技术导则、反措要求等。

3.2 主要设计标准、规程、规范

(1)《抽水蓄能电站设计导则》(DL/T 5208—2005)。

(2)《变电站总布置设计技术规程》(DL/T 5056—2007)。

(3)《水力发电厂机电设计规范》(DL/T 5186—2004)。

(4)《水力发电厂厂用电设计规程》(NB/T 35044—2014)。

(5)《水力发电厂接地设计技术导则》(NB/T 35050—2015)。

(6)《交流电气装置的接地设计规范》(GB/T 50065—2011)。

(7)《电力工程电缆设计规范》(GB 50217—2007)。

(8)《高压电缆选用导则》(DL/T 401—1991)。

(9)《高压配电装置设计技术规程》(DL/T 5352—2006)。

(10)《高压交流断路器参数选用导则》(DL/T 615—2013)。

(11)《气体绝缘金属封闭开关设备技术条件》(DL/T 617—2010)。

(12)《水力发电厂气体绝缘金属封闭开关设备配电装置设计规范》(DL/T 5139—2001)。

(13)《交流电气装置的过电压保护和绝缘配合设计规范》(GB/T 50064—2014)。

(14)《水力发电厂过电压保护和绝缘配合设计技术导则》(NB/T 35067—2015)。

(15)《水力发电厂计算机监控系统设计规定》(DL/T 5065—2009)。

(16)《继电保护和安全自动装置通用技术条件》(DL/T 478—2013)。

(17)《继电保护和安全自动装置技术规程》(GB 14285—2016)。

(18)《水力发电厂继电保护设计规范》(NB/T 35010—2013)。

(19)《电力装置的电测量仪表装置设计规范》(GB/T 50063—2008)。

(20)《电力工程直流电源系统设计技术规程》(DL/T 5044—2014)。

(21)《水利水电工程通信设计技术规程》(DL/T 5080—1997)。

(22)《火灾自动报警系统设计规范》(GB 50116—2013)。

(23)《水力发电厂工业电视系统设计规范》(NB/T 35002—2011)。

(24)《水电站厂房设计规范》(NB/T 35011—2013)。

(25)《水电工程设计防火规范》(GB 50872—2014)。

(26)《建筑设计防火规范》(GB 50016—2013)。

(27)《电力设施抗震设计规范》(GB 50260—2013)。

(28)《建筑结构荷载规范》(GB 50009—2012)。

(29)《混凝土结构设计规范》(GB 50010—2010)。

(30)《建筑抗震设计规范》(GB 50011—2010)。

(31)《建筑工程抗震设防分类标准》(GB 50223—2008)。

(32)《建筑地基基础设计规范》(GB 50007—2011)。

(33)《砌体结构设计规范》(GB 50003—2001)。

(34)《钢结构设计规范》(GB 50017—2014)。

(35)《水工建筑物荷载设计规范》(DL 5077—1997)。

(36)《水力发电厂厂房供暖通风与空气调节设计技术规程》(NB/T 35040—2014)。

(37)《民用建筑供暖通风与空气调节设计规范》(GB 50736—2012)。

(38)《建筑内部装修设计防火规范》(GB 50222—2015)。

（39）《建筑灭火器配置设计规范》（GB 50140—2005）。

（40）《建筑给水排水设计规范》（GB 50015—2010）。

（41）《地下工程防水技术规范》（GB 50108—2008）。

（42）《消防给水及消火栓系统技术规范》（GB 50974—2014）。

第4章　各技术方案及设计条件

根据不同的电气主接线方式和电站地理位置，开关站通用设计共分以下 10 个方案。

方案一：四台机组，一回出线，三角形接线，整体"一"字形布置，高压电缆三相垂直布置，南方气候，坡顶，短边进场；

方案二：四台机组，一回出线，三角形接线，整体前后式布置，高压电缆三相水平布置，北方气候，坡顶，长边进场；

一回出线时仅考虑整体式布置，开关楼与出线场分别按"一"字形（方案一）和前后式（方案二）设计，两种方案中的建筑设计分别按南北方的特点来考虑。

方案三：四台机组，两回出线，四角形接线，整体前后式布置，高压电缆三相垂直布置，南方气候，平顶，短边进场；

方案四：四台机组，两回出线，内桥形接线，整体前后式布置，高压电缆三相水平布置，北方气候，平顶，短边进场；

当两回出线、开关楼与出线场按前后式设计时，开关楼采用整体式布置，两种方案中的建筑设计分别按南北方的特点来考虑。

方案五：四台机组，两回出线，四角形接线，分体式"一"字形布置，高压电缆三相垂直布置，南方气候，坡顶，短边进场；

方案六：四台机组，两回出线，内桥形接线，分体式"一"字形布置，高压电缆三相水平布置，北方气候，坡顶，短边进场；

当两回出线、开关楼与出线场按"一"字形设计时，开关楼采用分体式布置（即 GIS 楼与继保楼分开布置），两种方案中的建筑设计分别按南北方的特点来考虑。

方案七：六台机组，两回出线，五角形接线，整体前后式布置，高压电缆三相垂直布置，南方气候，平顶，短边进场；

方案八：六台机组，两回出线，双母线接线，整体前后式布置，高压电缆三相水平布置，北方气候，平顶，短边进场；

当两回出线、开关楼与出线场按前后式设计时，开关楼采用整体式布置，两种方案中的建筑设计分别按南北方的特点来考虑，并按照 GIS 间隔的数量，合理布置 GIS 室，尽量提高 GIS 室设计的通用性。

方案九：六台机组，两回出线，五角形接线，分体式"一"字形布置，高压电缆三相垂直布置，南方气候，坡顶，长边进场；

方案十：六台机组，两回出线，双母线接线，分体式"一"字形布置，高压电缆三相水平布置，北方气候，坡顶，长边进场；

当两回出线、开关楼与出线场按"一"字形设计时，开关楼采用分体式布置（即 GIS 楼与继保楼分开布置），两种方案中的建筑设计分别按南北方的特点来考虑。

在开关站站址地势平缓，开挖边坡不高的情况可选用整体前后式布置；在开关站站址地势较陡，开挖边坡较高、可沿边坡纵向扩展的情况可选用分体式"一"字形布置。

第5章　主要设计原则

本通用设计将规定新建抽水蓄能电站开关站的设计指导原则和技术要求。

（1）遵循国家电网公司通用设计原则，针对抽水蓄能电站各个方案下的开关站进行标准设计。在确保开关站性能可靠、运行维护方便、整体设计节能环保前提下，做到经济合理。

（2）明确本通用设计所适用的开关站高压配电装置为地面户内 GIS 型式，进出线电压等级为 500kV；出线电压等级为 330kV 和 220kV 的电站、开关站，整体布置型式也可参考本设计，高压配电装置的布置尺寸、出线场设备绝缘距离、保护配置、系统通信方式等根据电压等级和相关规范要求进行设计。

（3）结合国内抽水蓄能电站的建设和运行经验，确定电气主接线考虑以下几种方案：基于每两台机组与两台主变压器采用联合单元接线方式，四台机组、一回出线按三角形接线设计；四台机组、两回出线按四角形和内桥形接线设计；六台机组、两回出线按五角形和双母线接线设计。

（4）为满足通用设计的适用性要求，未按占地面积最小化设计，实际工程可根据枢纽情况进行局部布置和面积调整；开关站建筑物按照整体式布置和分体式布置分别设计，即开关楼整体布置方式（统称为开关楼主副厂房）和开关楼分体布置方式（即 GIS 楼与继保楼分开布置）；开关楼与出线场按照"一"字形或"前后"布置方式；对于受场地限制较大的情况，可将出线场布置在开关楼顶部，此种型式不在本次通用设计范围内，但各分部位设备布置可参考本设计。

（5）开关站的选址应优先考虑靠近枢纽工程区主要交通道路；开关站的选址和布置还应与送出线路工程第一基塔的位置综合考虑，避免走线困难和偏角过大；为减小出线构架的设计难度，应使第一基塔尽量靠近开关站，并选择相对平坦、开阔的地形条件；同时还应注意减少地表植物破坏，保护生态环境。

（6）为使设计方案布置面积兼容性较好，特别是对于采用出线竖井并且开关楼整体布置方式，出线竖井电梯可以直通副厂房各层，方便运行和维护，本次通用设计方案中，方案九采用出线斜井与开关楼连接方式，其他方案均采用出线竖井与开关楼连接方式。当实际工程采用出线斜井连接开关楼或开关楼分体布置时，各方案电梯井布置位置可取消，总面积可酌情减少。出线斜井与开关站的连接位置视具体工程实际条件确定，但应确保高压电缆引入开关楼的部位满足在安装期间和安装后弯曲半径以及高压电缆检修、维护空间等的相关要求。

（7）柴油发电机房优先布置在开关站内，如实际工程因开关站布置场地有限或有其他需求时，可将柴油发电机房布置在变电站、交通洞口、下水库进出水口等地面区域，布置的位置应考虑交通便利、易于运行维护、距离负荷中心较近和电缆敷设方便等原则。

（8）本典型设计 10 个方案中，外部道路进场方式考虑从短边（平行于场地的长边方向）进入和长边（平行于场地的短边方向）进入两种模式。当实际情况与典型设计方案不完全相同时，进场方式可根据实际情况进行调整。

（9）各方案的结构抗震等级是在假定的抗震设防烈度下确定的，具体运用过程中，应根据工程所在地的抗震设防烈度，结合国家现行规范确定。建筑物的风荷载、积雪荷载值及地基基础的设计等级也应根据工程所在地位置结合国家现行规范确定。

（10）充分开展前期调研工作，重点收集国内抽水蓄能电站开关站布置型式、建筑风格、装修方案、结构型式、通风系统布置方式及消防系统布置方式等，充分考虑南北方地区差异。

（11）重点研究各种方案下开关站 GIS 设备、高压电缆、高低压配电系统、直流系统、计算机监控系统开关站 LCU、通信系统设备、高压系统保护及安全自动装置、消防系统和给排水等系统的设计方案；重点研究建筑、结构形式以及各功能房间的合理布置，包括开关楼副厂房（继保楼）各设备的布置及电缆走向，以及 GIS 设备汇控柜间电缆的走向。

（12）在本次开关站典型设计中，北方方案（方案一、三、五、七、九）在开关楼（GIS 楼）及副厂房（继保楼）设有集中送、排风系统，供暖系统；南方方案（方案二、四、六、八、十）在开关楼（GIS 楼）及副厂房（继保楼）设有集中送、排风系统，在副厂房（继保楼）设有 VRV空调系统。进行具体的工程设计时，参考项目所在地的气候条件，也可以考虑采用分体式空调或分散送排风方案。

（13）采用三维设计手段，建立涵盖建筑、电气、暖通、控制保护与通信等专业主要设施及设备等的单体三维信息化模型，在此基础上完成各专业三维模型的设计，并汇总为开关站三维总模型。基于三维总模型进行开关站设计的完整性、合理性、专业间"错、漏、碰"等方面的检查，总模型经集中会审确认后完成固化。各相关专业在固化三维成果的基础上抽取相关二维图纸（含 3D 轴测图）及材料清册，完成最终的设计成果。

第6章　通用设计使用总体说明

10 个方案为本通用设计典型方案，实际应用时，可以根据电站的装机台数（四台或六台）、出线回路数（一回或两回）、接线方式（三角形、四角形、五角形、内桥形或双母线）、地形条件（地势平缓或地势较陡）、高压电缆三相布置方式（垂直布置或水平布置）、气候条件（南方或北方）、建筑风格（平顶或坡顶）和进场位置（短边或长边）等条件选择适用的开关站方案。

第2篇 方 案 一

第7章 设 计 说 明

7.1 概述

通用设计方案一对应四台机组、一回 500kV 出线、三角形接线，开关楼主副厂房整体式，开关楼与出线场为"一"字形布置，高压电缆三相垂直布置。建筑物屋顶采用坡顶，短边进场，适用于南方气候的抽水蓄能电站。

7.1.1 通用设计的使用场合

电站地下厂房装设四台可逆式水泵水轮机和发电电动机组，每两台机组和两台主变压器组成一套联合单元，通过两回高压电缆与地面户内 GIS 相连；电站 500kV 侧出线一回，高压侧为三角形接线。开关楼主厂房和副厂房为整体布置方式，开关楼与出线场为"一"字形布置方式。高压引出线系统为竖井，开关楼副厂房位于出线竖井顶部，副厂房与出线竖井共用一部电梯，沿副厂房楼梯往下即到达出线竖井楼梯。

7.1.2 设计方案的说明

通用设计方案一的工程特性见表 7—1。主要设备参数及尺寸参考国内知名厂家产品设计。

表 7—1　　　　开关站通用设计方案一工程特性表

项目名称	工程特性
站址基本条件	海拔高度小于 1000m，地震动峰加速度 0.1g，污秽等级 d 级，南方气候
电气主接线	四台机，发电机电压侧两套联合单元，500kV 侧两进一出三角形接线
厂用电系统	从地下厂房引两回 10kV 电源，0.4kV 单母线分段接线
保护系统	500kV 线路保护、高压电缆保护均双重设置
通信系统	采用 OPGW 光纤通信方式
总平面用地尺寸	141m×45m
开关楼尺寸	66m×20m
出线场尺寸	30m×36m
柴油机房尺寸	14m×11m
门卫室尺寸	7m×7m

7.2 电气一次部分

7.2.1 电气主接线

发电机电压侧采用联合单元接线；500kV 侧两回进线一回出线，采用三角形接线。电气主接线图详见附图。

7.2.2 厂用电系统

开关站配电系统从厂内 10kV 的两段母线分别引接一回电源，配电变压器共两台，互为备用，0.4kV 母线采用单母线分段接线。动力和正常照明采用混合供电方式，另设置 1 套直流不间断电源装置，在紧急情况下为应急照明负荷供电。

如果开关站选址与其他建筑物较近，可采用 0.4kV 电压等级就近引接可靠性高的两回开关站配电系统电源并互为备用，0.4kV 母线采用单母线分段接线。开关站可不设置 10kV 系统和配电变压器，相关的设备间可用作其他功能或相应减小副厂房面积。

7.2.3 过电压保护及接地

在 500kV 出线侧装设避雷器。避雷器的装设组数及配置地点，取决于雷电侵入波在各个电气设备上产生的过电压水平，具体工程中需采用雷电侵入波保护程序进行分析计算后确定。避雷器选用 20kA 标称放电电流的氧化锌避雷器。

500kV 耐张绝缘子串片数选择 34 片，悬垂绝缘子串片数选择 33 片。具体工程中耐张绝缘子串和悬式绝缘子串的片数应根据不同的污秽等级及单片绝缘子的爬电距离计算选取。

开关站出线场、开关楼采用 500kV 出线门型架上设置与高压出线同时引出的避雷线或避雷针进行直击雷保护，其他建筑物采用在屋顶设置避雷带的方式进行直击雷保护。

开关站的接地装置设计与站址区域土壤电阻率、入地短路电流值有很大关系，通用设计因难以确定其通用条件，故对接地装置的设计不作推荐，具体工程可根据实际条件设计。

开关站（包括各建筑物和设备）的接地网与电站总接地网连成一体。由于整个开关站占地较小，且 GIS 装置接地要求高，建议条件允许可优先选用铜材。

另根据《水力发电厂气体绝缘金属封闭开关设备配电装置设计规范》（DL/T 5139—2001）要求，GIS 配电装置应设环形接地母线，将 GIS 的接地线均引至接地母线。接地母线再与接地网多点连接。接地母线材质采用铜材，并满足动热稳定的要求。

依据《国家电网公司发电厂重大反事故措施（试行）》中关于加强继电保护二次回路的抗干扰性能，确保电站安全可靠运行的要求，在开关站继电保护盘室、通信设备室、二次盘室等电气设备房间以及主要电缆沟道等处，按屏柜布置方向及电缆走向，使用截面不小于 100mm² 的裸铜排（缆）敷设与主接地网紧密连接的等电位环形接地网，控制保护屏柜均采用截面不小于 50mm² 的铜缆与相应的等电位环形接地网相连。

7.2.4 主要电气设备及技术参数

7.2.4.1 高压电缆

具体内容详见表 7-2。

表 7-2　　　　　　　　高压电缆技术参数表

技术参数	指标
型式	单相、铜芯、XLPE 电力电缆
额定电压（U_0/U）	290/500kV
最高工作电压（U_m）	550kV
电缆截面	800mm² 或 1000mm²
额定短时耐受电流及持续时间	63kA，2s
额定峰值耐受电流	160kA
绝缘水平	
操作冲击耐受电压	1240kV（峰值）
雷电冲击耐受电压	1675kV（峰值）
外护套绝缘水平	
额定 1min 工频耐压	25kV（有效值）
雷电冲击耐受电压	72.5kV（峰值）

7.2.4.2 高压电缆终端

具体内容详见表 7-3。

表 7-3　　　　高压电缆终端技术参数表

技术参数	指标
型式	户内、单相、全干式、与 GIS 设备相连
额定电压	550kV
额定电流	1000A
额定短时耐受电流及持续时间	63kA，2s
额定峰值耐受电流	160kA
绝缘水平	
操作冲击耐受电压	1240kV（峰值）
雷电冲击耐受电压	1675kV（峰值）

7.2.4.3 GIS 设备

具体内容详见表 7-4。

表 7-4　　　　GIS 设备技术参数表

技术参数	指标
额定电压	550kV
额定电流	2500A
额定短时耐受电流及持续时间	63kA，2s
额定峰值耐受电流	160kA
绝缘水平	
额定 1min 工频耐压	740kV（有效值）
操作冲击耐受电压	1300kV（峰值）
雷电冲击耐受电压	1675kV（峰值）

7.2.4.4 SF₆/空气出线套管

具体内容详见表 7-5。

表 7-5　　　　SF₆/空气出线套管技术参数表

技术参数	指标
型式	户外、单相、复合绝缘出线套管
额定电压	550kV
额定电流	2500A
额定短时耐受电流及持续时间	63kA，2s
额定峰值耐受电流	160kA
绝缘水平	
额定 1min 工频耐压	740kV（有效值）
操作冲击耐受电压	1300kV（峰值）
雷电冲击耐受电压	1675kV（峰值）

7.2.4.5 电容式电压互感器

具体内容详见表 7-6。

表 7-6　　　　电容式电压互感器技术参数表

技术参数	指标
型式	户外、电容式
系统标称电压	500kV
设备最高电压	550kV
绝缘水平	
额定 1min 工频耐压	
一次侧	740kV（有效值）
二次侧	3kV（有效值）
操作冲击耐受电压	1300kV（峰值）
雷电冲击耐受电压	1675kV（峰值）

7.2.4.6 氧化锌避雷器

具体内容详见表7-7。

表7-7 氧化锌避雷器技术参数表

技术参数	指标
型式	户外、线路型、复合外套、立式、氧化锌、无间隙
系统标称电压	500kV
设备最高电压	550kV
标称放电电流	20kA
额定电压	444kA
持续运行电压	324kA

7.2.4.7 柴油发电机组

具体内容详见表7-8。

表7-8 柴油发电机组技术参数表

技术参数	指标
型式	三相、户内开放型
额定电压	10kV
额定容量	1600kW
功率因数	0.8

注 1600kW为通用设计中柴油发电机拟定容量，仅作为示例。

7.3 电气二次部分

电气二次部分设计包括计算机监控、500kV继电保护、控制电源、火灾自动报警、视频监控及电子安防、通信等系统设计及屏柜的布置设计。

7.3.1 计算机监控系统

电站计算机监控系统采用开放式环境下的分层分布式体系结构，即采用功能及监控对象分布式方式，计算机监控系统的各种设备以节点的形式通过网络组件形成局域网，实现数据信息共享。根据监控对象的不同，设置相应的现地控制单元（LCU）。

开关站设置500kV开关站现地控制单元（LCU），本单元监控范围包括500kV开关设备、500kV电缆、500kV系统继电保护装置、调度通信系统设备、开关站220V直流电源系统设备、不间断电源系统设备、开关站厂用电配电装置以及开关站内其他公用系统设备等。

7.3.2 500kV继电保护系统

500kV继电保护系统采用微机型保护装置，满足可靠性、选择性、灵敏性和速动性的要求；保护装置应技术先进、经济合理且有成熟的运行经验。

500kV系统保护均采用两套完全冗余的保护系统，保护设备分别组屏，每套保护中的主保护应尽可能采用不同原理实现。

500kV继电保护系统主要包括2套线路主保护和后备保护装置、3套断路器保护及6套短引线保护装置、4套500kV电缆保护装置、1套失步解列装置、1套行波故障测距装置、1套功角测量装置、1套500kV电能计费系统、1套500kV故障录波装置和1套保护与故障信息管理系统等。以上保护装置均通过硬接线实现信息上送电站计算机监控系统。同时，通过通信连接到保护与故障信息管理系统，然后通过调度数据网实现与调度的通信。

7.3.3 控制电源系统

1. 直流电源系统

开关站设置1套220V高频开关直流电源系统，主要包含3套充电装置、2组蓄电池、微机型监控模块、微机绝缘装置、微机电池巡检仪等。每套充电装置采用双路交流电源供电，每组蓄电池约为400Ah。直流电源系统负责开关站现地控制单元（LCU）设备、开关站应急照明设备、配电及不间断电源装置等供电。开关站设置直流分屏用于500kV线路保护装置、断路器保护（包括500kV短引线保护）装置、500kV计量系统、500kV电缆保护装置、500kV故障录波装置、500kV行波测距装置、开关站卫星同步时钟测量装置、500kV功角测量装置、500kV PT转接屏、

500kV 电缆接地监视屏及高压电缆温度监测屏（DTS）、开关站 10kV 开关柜及 0.4kV 开关柜等设备供电。

2．交流电源系统

开关站设置 1 套 10kVA 不间断电源装置，主要供电气屏柜、通信系统交换机等设备使用，每套配置 2 台不间断电源装置。

7.3.4　火灾自动报警系统

火灾自动报警系统采用总线制加少量硬布线控制方式，以自动报警控制为主、手动报警控制为辅的设计原则。电站采用控制中心报警系统，选用自动化程度高、技术先进、性能稳定、抗干扰能力强和运行维护方便的智能型火灾自动报警设备。

电站消防控制中心设在地面中控楼中控室内，开关站设置火灾自动报警区域控制屏，对规范中要求直接控制的重要消防设备联动控制。

7.3.5　视频监控及电子安防系统

视频监控系统采用全数字式，配合计算机监控系统进一步完善"无人值班"（少人值守），使得电站运行人员在中控室就可看到各监视点现场的情况，对监视点进行正常的监视检查，在发生故障时可通过摄像头迅速查看，并作出判断。

中控室设置视频监控系统主控设备对视频监控系统进行集中监控，开关站设置视频监控区域控制盘，对开关站内主要电气设备运行状态、重要部位的安全及火灾进行监视。摄像机主要布置在电气设备房间内，如 GIS 室、变压器室、二次盘室、继电保护盘室、直流盘室、蓄电池室、通信设备盘室以及出入大门等，摄像头数量可结合实际电气房间数量及规模进行确定，以形成视频监控网络。

开关站设置 1 套周界报警控制系统，周界上布置 1 套入侵探测器，并将周界报警信号上传至中控室。现场报警控制设备和传输设备应采取防拆、防破坏措施。

7.3.6　通信系统

电站设置一套具有先进水平、功能完善的通信系统。利用该通信系统，对电站进行现代化管理，实现电站"无人值班"（少人值守），并确保电站安全运行。系统通信设备主要布置在开关站通信设备盘室，如光传输设备、PCM 设备及综合配线设备等。厂内通信设备主要布置在中控楼通信设备盘室，如音频交换设备、调度台及总配线设备等。厂内通信设备布置位置结合电站通信系统设计方案及电站枢纽建筑物布置格局也可布置在开关站通信设备盘室。

电站以一回 500kV 线路接入电力系统，作为电站与系统调度端之间的电话和数据信息传输通道，系统通信采用 OPGW 光纤通信方式，通过500kV 线路上的一回 OPGW 光缆电路实现电站与调度端的通信。

开关站通信设备采用直流不停电方式供电，采用双重化配置，设置两台智能型高频开关电源设备和两组 48V 阀控式密封铅酸蓄电池，每组蓄电池容量约为 200Ah。

7.3.7　GIS 室环境在线监测系统

GIS 室内配置 SF_6 气体在线监测系统，当 GIS 室内环境中 SF_6 气体含量超标或缺氧时进行报警，同时联动开启 GIS 室内通风机进行通风，并传送报警信号至计算机监控系统。GIS 室外入口处布置 GIS 室内通风机控制箱及 SF_6 气体在线监测报警装置。

7.4　开关站设备布置

开关站内布置有开关楼主、副厂房、出线场、柴油发电机房和门卫室。

主厂房首层布置 3 组 GIS 断路器间隔及控制盘等设备，地下设电缆层，便于电缆竖井中 500kV 高压电缆的引出以及与 GIS 设备的连接。

副厂房地上四层，地下一层。首层布置高、低压开关柜室、变压器室；二层布置电缆桥架；三层布置二次盘室、保护盘室、直流盘室及通信值班室等；四层布置通信电源室、通信设备室、蓄电池室及钢瓶间等；地下一层布置通风机房、消防水池及泵房。

户外出线场布置 1 组 500kV SF_6/空气套管，1 组电容式电压互感器，1 组避雷器和 1 组出线门型架。

为了在出线场设备的安全性评价工作中便于定期对盐密和灰密进行测量，出线门型架横梁两侧各安装一串（20 片）与带电悬垂绝缘子同型的零挂绝缘子。

以 1600kW 柴油发电机示例：柴油发电机房布置柴油发电机组、控制盘、日用油箱（$1m^3$）、油泵和地下油罐（$3m^3$）；日用油箱和地下油罐储存的油量可满足柴油发电机 8h 运行。具体工程中可根据选定的柴油发电机容量及要求的运行时间，确定地下油罐的容积。

门卫室布置了值班室和门卫值班人员休息生活的房间，包括厨房和卫生间，考虑夫妻岗。

7.5　土建部分

7.5.1　建筑专业设计说明

7.5.1.1　总平面设计

拟建开关站工程用地为长 141m、宽 45m 的矩形用地，场地按平地设计，用地面积 $6345m^2$。

拟建用地内建筑包括开关楼主、副厂房、柴油发电机房、门卫室和出线场；场地设置一个主要出入口以及一条交通环路，场地内交通便利。

厂区入口布置门卫室和大门，沿进场道路一侧布置整体式开关楼的主、副厂房，开关楼主厂房的一侧布置出线场。柴油发电机房布置在门卫室后面；门卫室和柴油发电机房之间的转角空地处设置室外停车场。

厂区内道路宽 4m，道路转弯半径不小于 10m。

围墙设计为高度 2.5m 的实体围墙，采用高度为 1.8m 的电动推拉伸缩大门，大门内侧设防止汽车冲撞的装置。

7.5.1.2　建筑设计

拟建开关楼包括主厂房和副厂房，为整体布置方式，开关楼与出线场为"一"字形布置方式。主厂房地下一层、地上一层，地上一层设置一台 10T 桥式起重机。副厂房地下一层，地上四层。副厂房地下一层布置：通

风机房、消防水池、泵房、楼电梯间；首层布置：公用变室、低压开关室、高压开关室、办公室、会议室、楼电梯间、卫生间；二层布置：电缆夹层、楼梯间；三层布置：直流盘室、二次盘室、继电保护盘室、通信值班室、卫生间、楼电梯间等；四层布置：蓄电池室、通风机房、气体灭火钢瓶室、通信电源室、通信设备室、电气试验室、楼电梯间等。其中电梯和楼梯间部分与电站的出线竖井在垂直方向正对，乘坐电梯可从开关楼副厂房直达地下厂房的下出线平洞，从楼梯也可由出线竖井到达开关楼副厂房从而到达地面。

主厂房地下一层层高 5m，地上一层层高 16m；副厂房地下一层层高为 5m，一层层高 4.4m，二层层高 2.8m，三层、四层层高均为 4.4m。

地下一层底板、外墙均外包防水卷材，外墙防水卷材高出地面 0.5m，外装修时将其覆盖，防水等级为一级。在地下水位较高或地下水丰富的地区，为防止外包防水层施工质量达不到要求或被破坏，可根据地区实际情况，在地下一层室内设排水沟、集水坑和排水泵以排除地下水渗水。

7.5.1.3　建筑外观设计

建筑风格力求外观大气简洁，体现工业建筑特点。

外观设计上强调建筑的线条变化，通过对线条的横竖梳理，结合建筑坡屋顶造型，形成了简约现代的建筑立面肌理。

建筑外装修以外墙面砖为主，以大面积的深雅灰色作为主基色，本方案为暖色系色调的方案。

在开关楼主副厂房内人能够得着的地方，选用平开塑钢窗或铝合金窗，开启扇应加防虫网（纱扇）；在人够不着的地方，选用固定塑钢窗或铝合金窗，玻璃选用双层中空玻璃。

疏散外门选用平开钢质防盗门；厂房运输大门采用平开彩钢大门或钢质卷帘门；普通室内房间门选用木门；电气设备房间门选用防火门；防火分区隔墙上的门选用甲级钢质防火门。

7.5.1.4　室外景观设计

为了减少生产工作人员因长时间处在特定环境产生的疲劳感，通过景

观设计创造出宜人舒心的室外空间，使人们能够产生轻松的体验和心情。

景观设计把靠近场地入口部分的区域作为重点进行处理，通过局部围合的装饰墙，营造出一个室外闭合空间，以竹丛为主题，造就一个使人"舒心"的区域。竹丛会对视线产生若隐若现的阻隔，配以旁边的白卵石和青石板铺地（也可采用砌立砖），青翠的颜色会显得更加纯净，室外空间让人感觉宁静和亲切。装饰墙的作用是可制造出独立性，阻挡与周边工业建筑的联系，以形成另外一个静谧的休闲场所，加上建筑周边设置的竹丛带，小空间油然而生。装饰墙上还可以开出有趣的图案，为厂区增添一丝文化气息。

所有入口都配以铺地，方便停车，建筑的主要入口还结合建筑形态砌筑出花台。

7.5.1.5　建筑消防设计

本工程主要生产类别以丁类为主，柴油发电机房及其储油间为丙类、其耐火等级为一级，其余耐火等级为二级。

建筑防火间距：大于等于 10m，厂区设置消防环路。

地下一层设置两个防火分区，每个分区不大于 1000m²。每个防火分区用防火墙和甲级防火门分隔。地上按一个防火分区考虑。

主厂房首层设两个直通室外的安全出口，副厂房首层设置两个安全出口，一至四层设置一部疏散楼梯。

主厂房和副厂房地下一层各设一部疏散楼梯通至首层对外安全出口，另外一个疏散出口为主、副厂房相邻防火墙上设的甲级防火门。

电缆层消防设计应满足消防规范和当地消防部门的要求，设置合适的防火设施。

7.5.1.6　技术经济指标

（1）用地面积：6345m²。

（2）建筑基底面积：1512m²。

　主、副厂房：1320m²。

　柴油发电机房：143m²。

　门卫室：49m²。

（3）建筑面积：4492m²。

　主厂房：1650m²。

　副厂房：2650m²。

　柴油发电机房：143m²。

　门卫室：49m²。

（4）建筑层数：地上一至四层，地下一层。

（5）建筑高度：16m。

（6）防火等级：柴油发电机房及其储油间为一级，其余为二级。

（7）屋面防水等级：一级。

（8）地下室防水等级：一级，地下室底板和外墙均外包卷材防水。

7.5.1.7　建筑装修

请详见表 7-9 至表 7-11。

表 7-9　　　　　　　　　　　　　　　　　　　　　　　　室　内　装　修　表

建筑名称	房间名称	楼、地面	踢脚、墙裙	内墙	顶棚
主厂房	地下一层	水泥砂浆地面	水泥踢脚	耐擦洗内墙涂料墙面	耐擦洗内墙涂料顶棚
	一层	自流平楼面或地砖楼面	水泥油漆踢脚或地砖踢脚	耐擦洗内墙涂料墙面	耐擦洗内墙涂料顶棚
	楼梯间	地砖楼地面	地砖踢脚	耐擦洗内墙涂料墙面	耐擦洗内墙涂料顶棚
副厂房	电梯厅、门厅、走廊	地砖楼地面	地砖踢脚	耐擦洗内墙涂料墙面	耐擦洗内墙涂料顶棚
	公用变室	地砖地面	地砖踢脚	耐擦洗内墙涂料墙面	耐擦洗内墙涂料顶棚
	消防水泵房	防滑地砖地面	地砖踢脚	耐擦洗内墙涂料墙面	耐擦洗内墙涂料顶棚

建筑名称	房间名称	楼、地面	踢脚、墙裙	内墙	顶棚
副厂房	高、低压开关室	地砖楼面	地砖踢脚	耐擦洗内墙涂料墙面	耐擦洗内墙涂料顶棚
	直流盘室、二次盘室、保护盘室	地砖楼面	地砖踢脚	耐擦洗内墙涂料墙面	耐擦洗内墙涂料顶棚
	通信设备室	地砖楼面	地砖踢脚	耐擦洗内墙涂料墙面	耐擦洗内墙涂料顶棚
	气体灭火钢瓶室	地砖楼面	地砖踢脚	耐擦洗内墙涂料墙面	耐擦洗内墙涂料顶棚
	办公室、会议室、值班室	地砖楼面	地砖踢脚	耐擦洗内墙涂料墙面	防潮石膏板吊顶
	电缆夹层	细石混凝土楼面	水泥踢脚	耐擦洗内墙涂料墙面	耐擦洗内墙涂料顶棚
	强电间、弱电间、竖井、管道井	混凝土楼地面		1:2.5水泥砂浆,刷白	白水泥浆
	通风机房、空调机房	混凝土楼地面	水泥踢脚	矿棉吸声板内墙面	矿棉吸声板顶棚
	库房、工具间	地砖楼地面	地砖踢脚	耐擦洗内墙涂料墙面	耐擦洗内墙涂料顶棚
	卫生间	防滑地砖防水楼地面		瓷砖内墙面(防水层到顶)	铝扣板吊顶
	楼梯间	地砖楼地面	地砖踢脚	耐擦洗内墙涂料墙面	耐擦洗内墙涂料顶棚
柴油发电机房	控制盘室	地砖地面	地砖踢脚	耐擦洗内墙涂料墙面	耐擦洗内墙涂料顶棚
	机房、储油间	不发火混凝土地面	水泥踢脚	耐擦洗内墙涂料墙面	耐擦洗内墙涂料顶棚
门卫室	门卫、值班、住宿	地砖地面	地砖踢脚	耐擦洗内墙涂料墙面	耐擦洗内墙涂料顶棚
	卫生间	防滑地砖防水地面		瓷砖(防水层到顶)	铝扣板吊顶
	厨房	防滑地砖防水地面		瓷砖内墙面	铝扣板吊顶

表 7-10 室外工程做法表

项目	名称	备注
散水	混凝土散水	
台阶	室外地砖台阶	
坡道	混凝土坡道	
道路	混凝土道路	
铺地	室外地砖或混凝土铺地	

表 7-11 室外装修做法表

项目	名称	备注
屋面	挂瓦屋面+卷材防水+保温层	坡屋顶的闷顶作为隔热层
外墙面	外墙面砖、外墙涂料外墙面	
地下防水	柔性卷材防水	

7.5.2 结构专业设计说明

7.5.2.1 工程概况

工程建筑包括开关楼、门卫室、柴油发电机房、出线场、围墙等部分。开关楼又分为主厂房和副厂房两部分;主厂房部分地下一层、地上一层,地上布置一台10t的桥式起重机。副厂房部分地下一层,地上四层。主体结构采用现浇钢筋混凝土框架结构,筏板基础。主副厂房之间设变形缝。柴油发电机房为单层建筑物,采用现浇钢筋混凝土框架结构,独立柱基。门卫室为单层建筑,采用现浇钢筋混凝土框架结构,独立柱基,也可采用砌体结构,条形基础。出线构架支架采用钢管混凝土或钢管、横梁采用钢桁架结构。

7.5.2.2 结构设计基本资料

（1）主体结构设计使用年限：50 年。

（2）建筑结构安全等级：根据电站等级确定其安全等级，为一级或二级。

（3）建筑抗震设防类别：主、副厂房、柴油发电机房为重点设防类（乙类）；值班室为标准设防类（丙类）。

（4）地面粗糙度为 B 类或 A 类。

（5）风荷载、雪荷载按工程所在地的位置结合我国现行规范来确定。

（6）建筑物抗震等级：主厂房地下为二级、地上为一级；副厂房地下为三级、地上为二级；柴油发电机房、值班室为三级。

（7）建筑物地基基础设计等级为丙级或乙级。

7.5.2.3 活荷载标准值

具体内容详见表 7 - 12。

表 7 - 12　　　　　　　　活荷载标准值表

房间名称	活荷载标准值/（kN/m²）
办公室、值班室	3.0
会议室	4.0
卫生间	2.5
走廊、楼梯	3.5
阳台	2.5
上人屋面	2.0
不上人屋面	0.5
高低压开关柜室	4.0
通风机房	7.0
蓄电池室	6.0
通信电源室、通信设备室	6.0
GIS 室	20.0

GIS 室应根据具体工程不同厂家产品综合考虑断路器操作时垂直荷载、水平荷载以及运输车是否进入 GIS 层确定。

GIS 室内布置 10t 桥式起重机一台。

7.5.2.4 材料

混凝土：基础垫层采用 C15 混凝土，主体结构采用 C30 混凝土，地下室混凝土抗渗等级为 P6。

钢筋：HPB300 级和 HRB400 级。

吊钩、吊环采用 HPB300 钢，不得采用冷加工钢筋。

钢材：Q235 和 Q345。

砌体：承重砌体采用 Mu15 蒸压灰砂砖、黏土空心砖（非限黏地区）或 Mu10 黏土砖（非限黏地区），±0.000 以下不得采用空心砖或空心砌块。±0.000 以下采用 M5 水泥砂浆，±0.000 以上 M5 混合砂浆。本条适用于警卫室和围墙。

框架结构填充墙砌体：A3.5 蒸压加气混凝土砌块，Mb5 混合砂浆，砌块容重不大于 8kN/m³。

排水沟可采用 Mu30 毛石和 M5 水泥砂浆砌筑。也可采用现浇钢筋混凝土结构，采用混凝土结构时，用 C20 混凝土。

手工焊时 HPB300 级钢筋、Q235 钢材采用 E43××型焊条；HRB400 级钢筋、Q345 钢材采用 E50××型焊条，钢筋与钢材焊接随钢筋定焊条型号。

7.5.3 供暖通风、消防及给排水专业设计说明

7.5.3.1 供暖通风设计

供暖通风设计包括通风系统、VRV 空调系统、防排烟及事故（后）通风等系统设计、设备布置。

（1）开关楼通风系统设计。开关楼主厂房为地下一层、地上一层；副厂房为地下一层、地上四层。其中地下一层房间通风方式采用机械送、排风，主厂房地上一层通风方式采用自然送风、机械排风。考虑到主厂房有

事故通风要求，排风量按事故通风量校核，设计采用平时排风及事故时排风2套通风系统，平时通风按不小于2次/h换气设计，事故时按不小于4次/h换气设计，排风管道设置在地面上母线管道附近，能有效排除泄漏的SF_6有害气体。

蓄电池室、钢瓶间均设独立的排风系统，排风机采用防爆风机，排风直接排至室外。蓄电池室通风设测氢监测装置控制。

（2）出线竖井通风系统设计。为保证出线洞内敷设的电缆运行环境温度不致过高，设计在出线平洞及出线竖井的每一个电缆分隔段内设置通风，通风系统的设计为机械送、排风，串、并联布置，其中送风引自地下厂房。出线竖井排风机设置在地面开关楼副厂房四层的通风机房。

出线竖井内楼梯间及合用前室，分别设置有正压送风系统。因设计出线竖井深度超过200m，楼梯间及合用前室的正压送风竖井均为2组，分上、下两个区域。4台正压送风机设置在地面开关楼副厂房四层的通风机房。

（3）柴油发电机房通风系统设计。柴油发电机房设有事故通风系统，通风方式采用自然送风、机械排风。

（4）开关楼副厂房空调系统设计。开关楼副厂房设有VRV空调系统，各空调房间的室内机均选用吊顶内暗装机型，室外机安装在副厂房室外地面的基础上。

7.5.3.2 消防及给排水系统设计

消防及给排水系统设计范围包括开关楼主副厂房的消火栓系统及副厂房、门卫室生活给排水系统。

（1）消防系统设计及设备布置。

1）消防供水系统。在开关楼设置了室内、室外消火栓系统。按一个着火点最大消防用水量设计，根据《水电工程设计防火规范》（GB 50872—2014）相关规定，地面开关楼设室内及室外消火栓，其中室内消火栓水量为10L/s，室外消火栓水量按20L/s，火灾延续时间按2h设计，消防用水量为216m³。副厂房地下一层设有效容积为250m³的消防水池和

消防水泵房，在消防水泵房内布置2台消防水泵，一备一用，流量108m³/h，扬程60m，功率30kW；消防系统稳压设备设在消防水泵房内，有效容积为12m³的高位消防水箱设置在顶层水箱间内。

从开关楼副厂房地下消防水泵后引两根DN100的消防供水管路，供给开关站室内、室外消火栓。开关楼主厂房地下一层、地上一层各设6套室内消火栓；副厂房部分地下一层到地上四层，每层分别设2套消火栓，在顶层楼梯间高处设1套试验消火栓。室内消火栓箱均设手动消防水泵启泵按钮。

地面出线场位于开关楼的后面，设室外消火栓3套。

柴油机房建筑面积较小，只布置室外消火栓，由于和开关楼相邻，因此与开关楼共用室外消火栓。

2）消防器材。本开关站火灾类型含A、B、C、E 4类，火灾危险性含中危险级和轻危险级，为方便采购和管理，所有手提式灭火器的配置基准按照2A或55B。在不同的场所，根据不同需要配置磷酸铵盐干粉灭火器、泡沫灭火器、二氧化碳灭火器等。

消火栓箱采用国标图集04S202中戊型消火栓箱，栓口距地面1.1m。消火栓箱内设SN65消火栓，配备ϕ19mm口径水枪及DN65、25m长衬胶水龙带以及消防卷盘。

3）设备消防。500kV GIS、开关楼变压器、高压开关柜、低压开关柜等均选用无油设备。开关楼主厂房地下一层电缆室及副厂房电缆层，电缆消防设计应满足消防规范和当地消防部门的要求，设置合适的防火设施。

（2）给排水系统设计及设备布置。

1）生活给水系统。地面开关站生活给水水源为副厂房地下一层消防水池，生活给水主要用于副厂房、门卫室卫生间用水。生活用水在消防水泵房经过滤、消毒等水处理设备处理，达到饮用水卫生标准后由生活水供水设备供至各用水点。

2）生活排水系统。地面开关站室外地下设有化粪池及污水处理系统，副厂房、门卫室排出的污水进入化粪池，由排水管引入室外的污水处理系统（包括调节池、缺氧池、MBR池、清水池等），经综合生物污水处理设备处理达到排放标准后就近排放。

第8章　主要设备清册

8.1　电气一次主要设备清册

具体内容详见表8-1。

8.2　电气二次主要设备清册

具体内容详见表8-2。

表8-1　　　　　　　　　　　　　　　　　　　　　　　　电气一次主要设备清册表

序号	项目名称	技术参数	单位	数量	布置地点	备注
1	500kV 电力电缆	—	—	—	—	—
1.1	超高压电力电缆	290/500kV，XLPE 1×800mm² （或1000mm²），63kA/2s	m	—	—	—
1.2	全干式电缆终端	290/500kV，$I_n \geqslant 1000A$，63kA/2s	只	6	—	不含地下6只
2	500kV GIS	—	套	1	—	—
2.1	高压断路器	GIS-550kV，$I_n=2500A$，63kA，63kA/2s，160kA	组	3	—	—
2.2	SF₆/空气套管	GIS-550kV，$I_n=2500A$，63kA/2s	只	3	—	—
3	500kV 出线场设备	—	套	1	—	—
3.1	电容式电压互感器	$550kV，\dfrac{500}{\sqrt{3}}\Big/\dfrac{0.1}{\sqrt{3}}kV$	台	3	—	—
3.2	避雷器	ZnO，$U_n=444kV$，20kA	台	3	—	—
3.3	500kV 设备连接导线	2xLGJQT-1400	m	150	—	—
3.4	500kV 线夹	2xLGJQT-1400 配套线夹	个	21	—	—
4	开关站配电系统	—	—	—	—	—
4.1	柴油发电机组	1600kW，10kV，$\cos\varphi=0.8$	套	1	柴油机房	—
4.2	开关楼变压器	三相干式，带外壳，无激磁调压，10/0.4kV	台	2	副厂房地下一层	—
4.3	高压开关柜	中置式真空开关柜，12kV	面	4	副厂房首层	—
4.4	低压开关柜	抽屉式开关柜，0.4kV	面	7	副厂房首层	其中逆变装置1套，应急照明盘1面

电气二次主要设备清册表

序号	项目名称	技术参数	单位	数量	布置地点	备注
1	计算机监控系统	—	—	—	副厂房三层	—
1.1	开关站 LCU 柜	PLC	面	3	—	—
2	500kV 继电保护系统	—	—	—	副厂房三层	—
2.1	500kV 线路保护柜	数字式	面	2	—	含后备保护
2.2	500kV 电缆保护柜	数字式	面	8	—	—
2.3	500kV 断路器保护柜	数字式	面	3	—	含 6 套短引线保护
2.4	故障录波装置柜	—	面	2	—	—
2.5	电能计量柜	—	面	1	—	—
2.6	保护与故障信息管理系统	—	套	1	—	—
2.7	功角测量柜	—	面	1	—	—
2.8	行波测距柜	—	面	1	—	如有
2.9	失步解列柜	—	面	1	—	—
2.10	卫星同步时钟测量柜	—	面	1	—	—
3	控制电源系统	—	—	—	副厂房三、四层	—
3.1	直流电源系统	—	—	—	—	—
3.1.1	蓄电池组	400Ah	组	2	—	DC 220V
3.1.2	充电装置柜	—	面	3	—	—
3.1.3	馈线柜	—	面	2	—	—
3.1.4	联络柜	—	面	1	—	—
3.2	不间断电源系统	—	—	—	—	—
3.2.1	不间断电源	10kVA	面	2	—	AC 220V
4	火灾自动报警系统	—	—	—	副厂房三层	—
4.1	开关站区域控制盘	—	面	1	—	—
5	视频监控及电子安防系统	—	—	—	副厂房三层	—
5.1	开关站区域控制盘	—	面	1	—	—
5.2	入侵探测器	—	套	1	—	—
6	通信系统	—	—	—	副厂房四层	—
6.1	综合配线柜	—	面	1	—	—
6.2	光传输设备柜	—	面	2	—	—
6.3	PCM 柜	—	面	2	—	—
6.4	通信电源柜	—	面	2	—	—
6.5	通信蓄电池柜	200Ah	面	2	—	DC 48V

8.3 供暖通风、消防及给排水主要设备清册

具体内容详见表 8-3。

表 8-3　　　供暖通风、消防及给排水主要设备清册表

序号	项目名称	技术参数	单位	数量	布置地点	备注
1	通风					
1.1	开关楼主、副厂房送风机	HTFC-Ⅰ-28 风量：28590m³/h　风压：292Pa 功率：7.5kW　转速：450r/min	台	1	副厂房地下一层通风机房	
1.2	开关楼主、副厂房排风机	HTFC-Ⅰ-28 风量：28590m³/h　风压：292Pa 功率：7.5kW　转速：450r/min	台	1	副厂房四层通风机房	
1.3	开关楼事故排风	HTFC-Ⅲ-No33 风量：39314m³/h　风压：435Pa 功率：11kW　转速：400r/min	台	1	开关楼主厂房	
1.4	开关楼平时排风	CDZ-No10 风量：29999m³/h　风压：208Pa 功率：3kW　转速：720r/min	台	1	开关楼主厂房	
1.5	出线竖井排风机	DTF-Ⅰ-7-1 风量：19450m³/h　风压：721Pa 功率：7.5kW　转速：1450r/min	台	1	副厂房四层通风机房	
1.6	消防楼梯间正压送风机（上部）	SWF-Ⅰ-No7 风量：18800m³/h　风压：329Pa 功率：3kW　转速：1450r/min	台	1	副厂房四层通风机房	
1.7	合用前室正压送风机（上部）	SWF-Ⅰ-No7 风量：15319m³/h　风压：370Pa 功率：3kW　转速：1450r/min	台	1	副厂房四层通风机房	
1.8	消防楼梯间正压送风机（下部）	DTF-Ⅰ-6.5-1 风量：19134m³/h　风压：466Pa 功率：4kW　转速：1450r/min	台	1	副厂房四层通风机房	
1.9	合用前室正压送风机（下部）	DTF-Ⅰ-6-1 风量：16275m³/h　风压：476Pa 功率：5.5kW　转速：2900r/min	台	1	副厂房四层通风机房	
1.10	蓄电池室排风机	BT35-No5 风量：7841m³/h　风压：156Pa 功率：0.75kW　转速：1450r/min	台	1	副厂房四层通风机房	
1.11	钢瓶间排风机	BT35-11-No3.15 风量：1689m³/h　风压：52Pa 功率：0.12kW	台	1	钢瓶间	
1.12	卫生间排气扇	BPT10-12-BH 风量：120m³/h 功率：0.046kW	台	2	副厂房卫生间	
1.13	柴油发电机房排风机	BT35-11-No3.15 风量：3076m³/h　风压：180Pa 功率：0.37kW　转速：2900r/min	台	1	柴油发电机房	
2	空调					
2.1	空调室内机（嵌入式四面出风）	FXFP45KMVC $Q_冷=4.5$kW　$N=0.097$kW	台	2		
2.2	空调室内机（导管暗藏）	FXFP71KMVC $Q_冷=7.1$kW　$N=0.118$kW	台	12		
2.3	空调室外机	RHXYQ32PY1 （RHXYQ16PY1x2）$Q_冷=90$kW $N=28.4$kW	台	1	副厂房室外地面上	
3	消防					
3.1	消防供水泵	XBD4/25-125L $Q=108$m³/h　$H=60$mH₂O $N=30$kW	台	2	副厂房地下一层消防泵房	一用一备

续表

序号	项目名称	技术参数	单位	数量	布置地点	备注
3.2	消防系统定压设备	ZW-I-X-10 $Q=18m^3/h$ $H=25mH_2O$ $N=1.5kW$	套	1	副厂房地下一层消防泵房	
3.3	高位消防水箱	有效容积：$12~m^3$	台	1	副厂房顶层消防水箱间	
3.4	室内消火栓	单栓 SN65ϕ19 喷雾水枪 水龙带 25m	套	23	—	
3.5	试验消火栓	单栓 SN65ϕ19 喷雾水枪 水龙带 25m	套	1	—	
3.6	室外地上式消火栓	SA100/65-1.6	套	3	—	
3.7	手提式磷酸铵盐干粉灭火器	MF/ABC5（灭火剂5kg）	具	50	—	
3.8	电缆层灭火系统	—	套	1	—	
4	给排水	—	—	—	—	

续表

序号	项目名称	技术参数	单位	数量	布置地点	备注
4.1	生活水供水设备	2DRL2-3 $Q=1m^3/h$ $H=40mH_2O$ $N=4kW$	套	1	副厂房地下一层消防泵房	
4.2	生活水处理设备	$Q=1m^3/h$	套	1	副厂房地下一层消防泵房	包括过滤器及消毒器等
4.3	污水处理设备	$Q=1.5m^3/h$	套	1	室外	包括调节池、缺氧池、MBR池、清水池等
4.4	潜污泵	Flygt M3085 HT253 $Q=7.5m^3/h$ $H=6.2mH_2O$ $N=2.4kW$	台	4	副厂房地下一层、开关楼地下一层泵坑	

第9章 设 计 图

设计图纸目录见表9-1。

表 9-1 设计图纸目录表

续表

图号	名称
图 9-1	电气主接线图
图 9-2	开关站全景图（一）
图 9-3	开关站全景图（二）
图 9-4	开关站俯视图
图 9-5	开关站设备全景图
图 9-6	门卫室布置图
图 9-7	开关楼主副厂房立面视图
图 9-8	开关楼主副厂房纵剖图

图号	名称
图 9-9	开关楼主副厂房横剖图
图 9-10	开关楼主副厂房地下一层设备布置图
图 9-11	开关楼主副厂房一层设备布置图
图 9-12	开关楼主副厂房二层设备布置图
图 9-13	开关楼主副厂房三层设备布置图
图 9-14	开关楼主副厂房四层设备布置图
图 9-15	柴油发电机房布置图

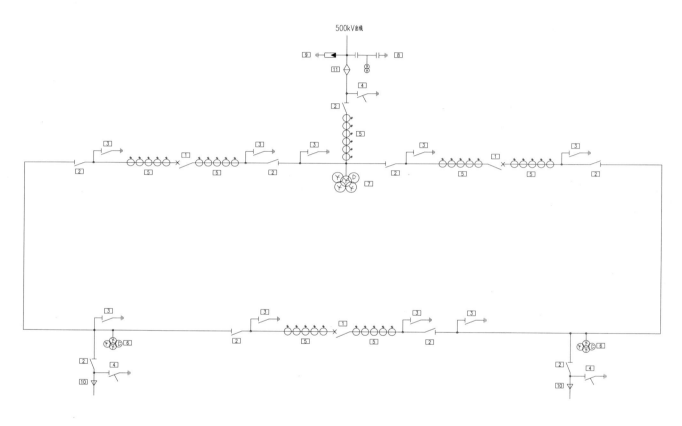

500kV出线

主要电气设备表

序号	设备名称	规 格 型 号	单位	数量	备注
1	断路器	550kV, In=2500A ,63kA	组	3	
2	隔离开关	Un=550kV, In=2500A, 63kA/2s	组	9	
3	接地开关	Un=550kV, In=2500A, 63kA/2s	组	9	
4	快速接地开关	Un=550kV, In=2500A, 63kA/2s	组	3	
5	电流互感器	550kV, 2500/1A	只	108	
6	电压互感器	550kV, $\frac{500}{\sqrt{3}}/\frac{0.1}{\sqrt{3}}/\frac{0.1}{\sqrt{3}}$/0.1kV	只	6	
7	电压互感器	550kV, $\frac{500}{\sqrt{3}}/\frac{0.1}{\sqrt{3}}/\frac{0.1}{\sqrt{3}}/\frac{0.1}{\sqrt{3}}$/0.1kV	只	3	
8	电容式电压互感器	550kV, $\frac{500}{\sqrt{3}}/\frac{0.1}{\sqrt{3}}$ kV	台	3	
9	避雷器	Un=444kV, 20kA	只	3	
10	500kV电缆终端	Un=500kV, 1000A	只	6	
11	SF₆/空气出线套管	Un=500kV, 2500A	只	3	

图 9-1 电气主接线图

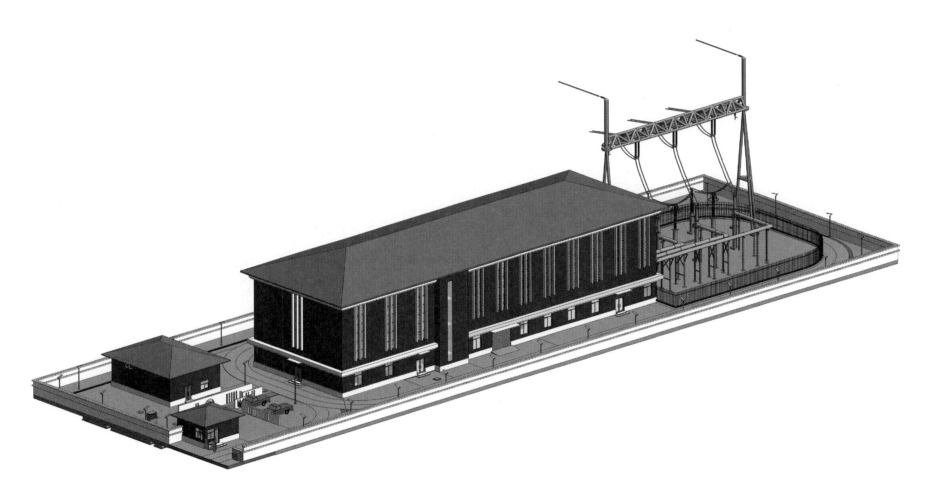

图 9 - 2　开关站全景图（一）

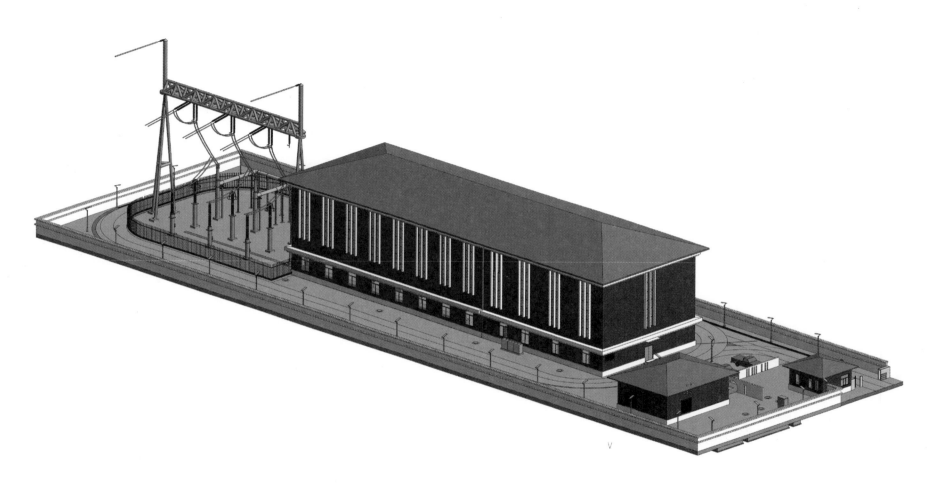

图 9-3 开关站全景图（二）

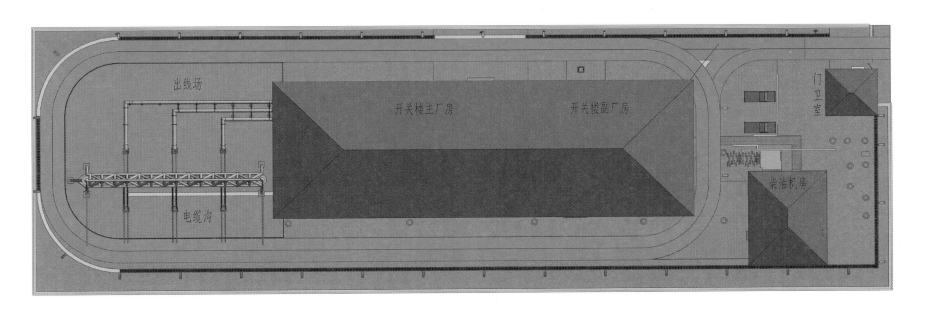

出线场

开关楼主厂房

开关楼副厂房

门卫室

柴油机房

电缆沟

图 9-4　开关站俯视图

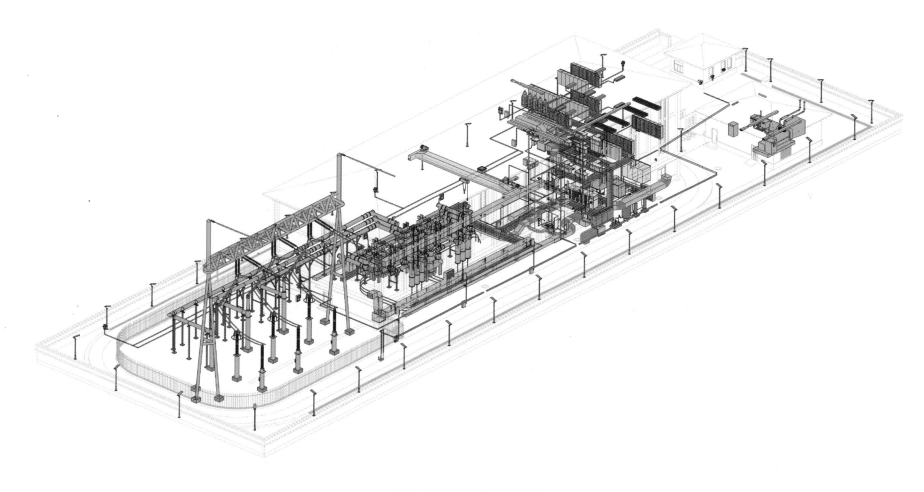

图 9-5　开关站设备全景图

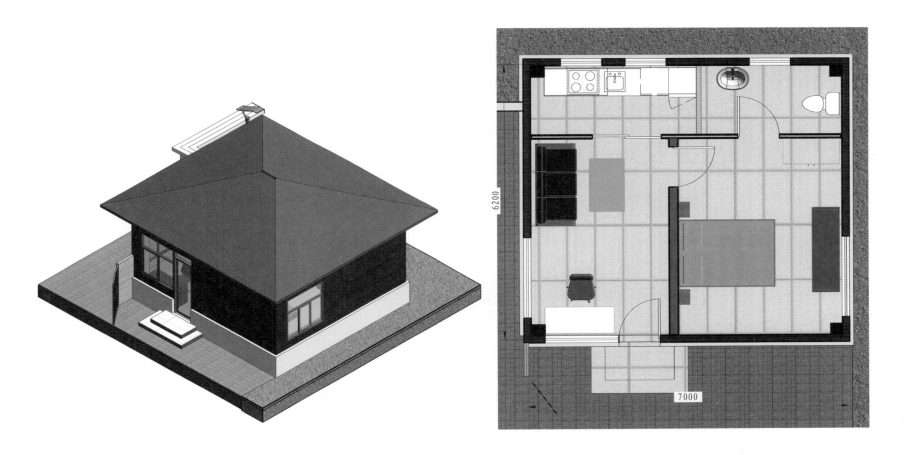

门卫室建筑外观三维图　　　　　　　　　　　　门卫室平面布置图

图 9-6　门卫室布置图

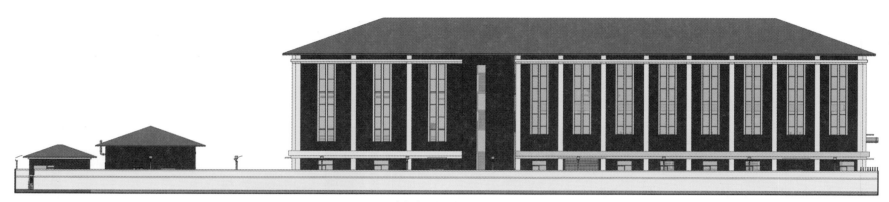

开关楼主副厂房正视图

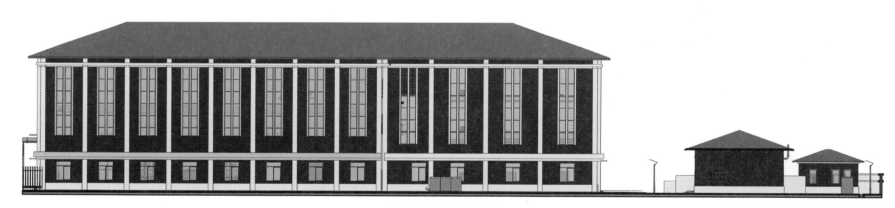

开关楼主副厂房背视图

图 9-7 开关楼主副厂房立面视图

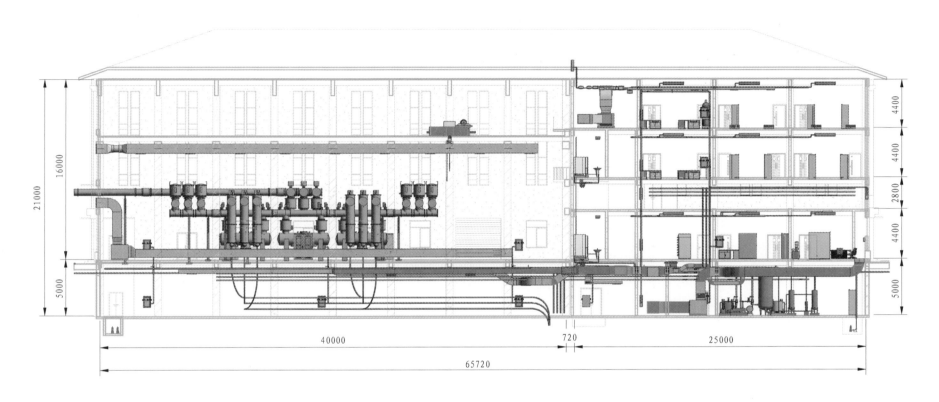

图 9-8 开关楼主副厂房纵剖图

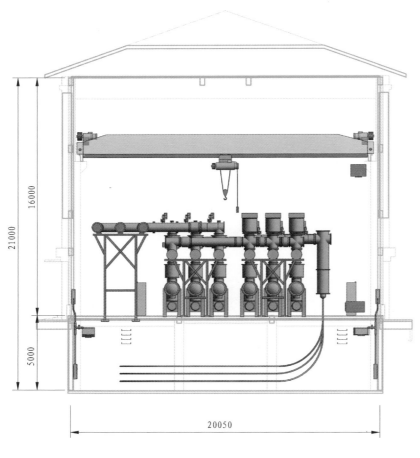

开关楼主厂房横剖图

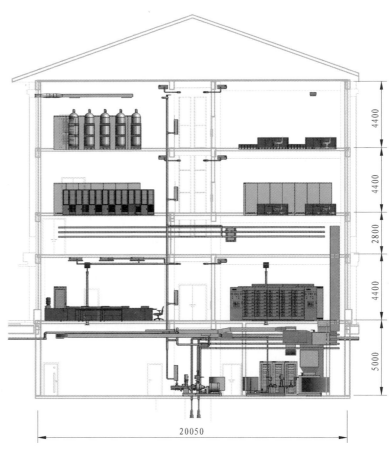

开关楼副厂房横剖图

图 9-9　开关楼主副厂房横剖图

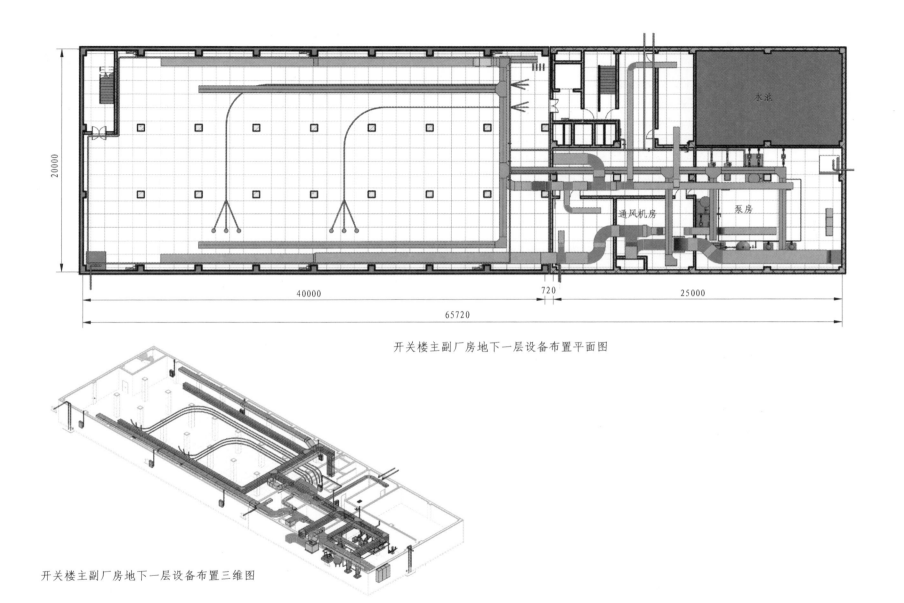

开关楼主副厂房地下一层设备布置平面图

开关楼主副厂房地下一层设备布置三维图

图 9-10 开关楼主副厂房地下一层设备布置图

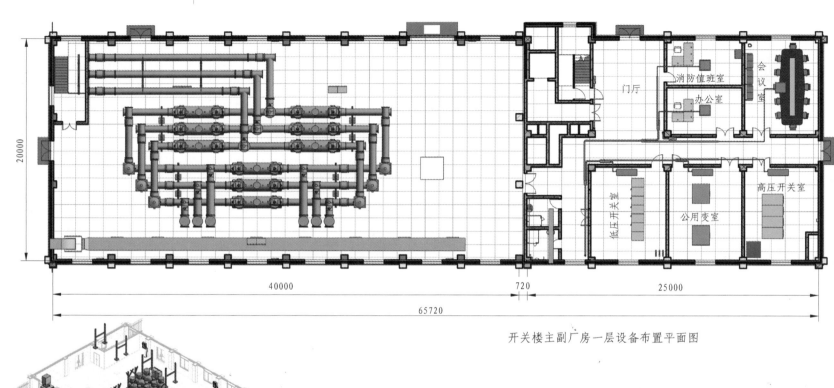

开关楼主副厂房一层设备布置平面图

低压开关室　公用变室　高压开关室

门厅　消防值班室　办公室　会议室

开关楼主副厂房一层设备布置三维图

图9-11　开关楼主副厂房一层设备布置图

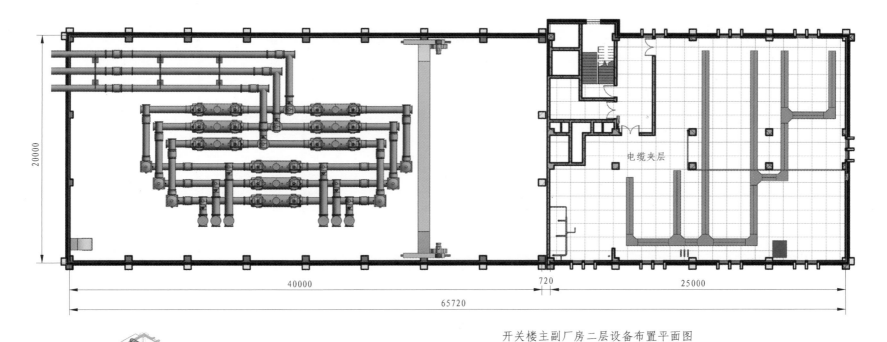

开关楼主副厂房二层设备布置平面图

开关楼主副厂房二层设备布置三维图

图 9-12　开关楼主副厂房二层设备布置图

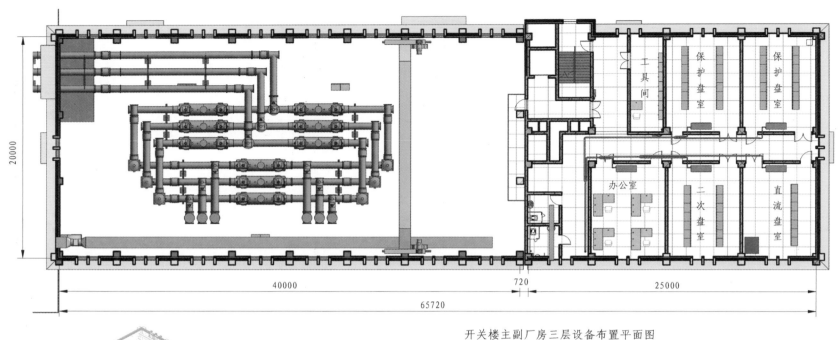

保护盘室

保护盘室

工具间

办公室

二次盘室

直流盘室

20000

40000

720

25000

65720

开关楼主副厂房三层设备布置平面图

开关楼主副厂房三层设备布置三维图

图 9 - 13　开关楼主副厂房三层设备布置图

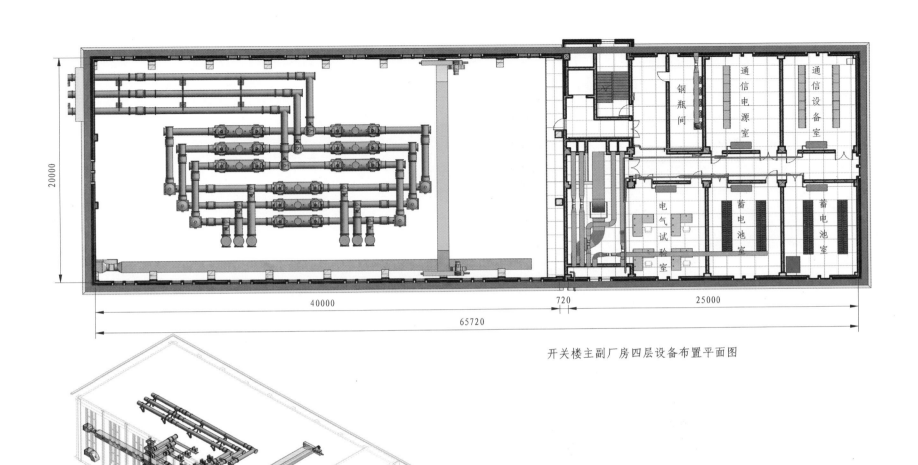

开关楼主副厂房四层设备布置平面图

开关楼主副厂房四层设备布置三维图

图 9-14 开关楼主副厂房四层设备布置图

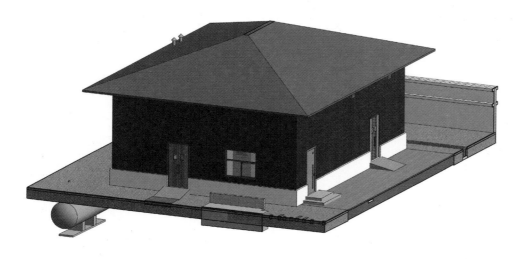

柴油发电机房建筑外观三维图

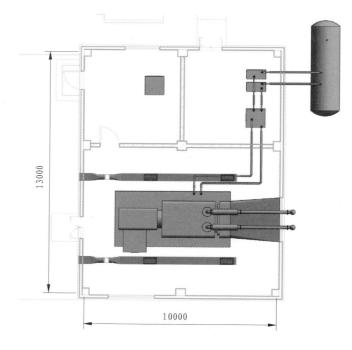

柴油发电机房布置平面图

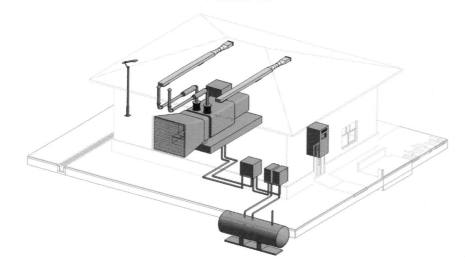

柴油发电机房布置三维透视图

图 9-15　柴油发电机房布置图

第3篇 方案二

第10章 设 计 说 明

10.1 概述

通用设计方案二对应四台机组、一回 500kV 出线、三角形接线，开关楼主副厂房整体式，开关楼与出线场为前后式布置设计，高压电缆三相水平布置。建筑物屋顶采用坡顶，长边进场，适用于北方气候的抽水蓄能电站。

10.1.1 通用设计的使用场合

电站地下厂房装设四台可逆式水泵水轮机和发电电动机组，每两台机组和两台主变压器组成一套联合单元，通过两回高压电缆与地面户内 GIS 相连；电站 500kV 侧出线一回，高压侧为三角形接线。开关楼主厂房和副厂房为整体布置方式，开关楼与出线场为前后布置方式。高压引出线系统为竖井，开关楼副厂房位于出线竖井顶部，副厂房与出线竖井共用一部电梯，沿副厂房楼梯往下即到达出线竖井楼梯。

10.1.2 设计方案的说明

通用设计方案二的工程特性见表 10－1。主要设备参数及尺寸参考国内知名厂家产品设计。

表 10－1　　　　开关站通用设计方案二工程特性表

项目名称	工程特性
站址基本条件	海拔高度小于 1000m，地震动峰加速度 0.1g，污秽等级 d 级，北方气候
电气主接线	四台机，发电机电压侧两套联合单元，500kV 侧两进一出三角形接线
厂用电系统	从地下厂房引两回 10kV 电源，0.4kV 单母线分段接线
保护系统	500kV 线路保护、高压电缆保护均双重设置
通信系统	采用 OPGW 光纤通信方式
总平面用地尺寸	95m×65m
开关楼尺寸	66m×20m
出线场尺寸	60m×23m
柴油机房尺寸	14m×11m
门卫室尺寸	7m×7m

10.2 电气一次部分

10.2.1 电气主接线

发电机电压侧采用联合单元接线；500kV 侧两回进线一回出线，采用三角形接线。电气主接线图详见附图。

10.2.2 厂用电系统

开关站配电系统从厂内 10kV 的两段母线分别引接一回电源，配电变压器共两台，互为备用，0.4kV 母线采用单母线分段接线。动力和正常照明采用混合供电方式，另设置 1 套直流不间断电源装置，在紧急情况下为应急照明负荷供电。

如果开关站选址与其他建筑物较近，可采用 0.4kV 电压等级就近引接可靠性高的两回开关站配电系统电源并互为备用，0.4kV 母线采用单母线分段接线。开关站可不设置 10kV 系统和配电变压器，相关的设备间可用作其他功能或相应减小副厂房面积。

10.2.3 过电压保护及接地

在 500kV 出线侧装设避雷器。避雷器的装设组数及配置地点，取决于雷电侵入波在各个电气设备上产生的过电压水平，具体工程中需采用雷电侵入波保护程序进行分析计算后确定。避雷器选用 20kA 标称放电电流的氧化锌避雷器。

500kV 耐张绝缘子串片数选择 34 片，悬垂绝缘子串片数选择 33 片。具体工程中耐张绝缘子串和悬式绝缘子串的片数应根据不同的污秽等级及单片绝缘子的爬电距离计算选取。

开关站出线场、开关楼采用 500kV 出线门型架上设置与高压出线同时引出的避雷线或避雷针进行直击雷保护，其他建筑物采用在屋顶设置避雷带的方式进行直击雷保护。

开关站的接地装置设计与站址区域土壤电阻率、入地短路电流值有很大关系，通用设计因难以确定其通用条件，故对接地装置的设计不作推荐，具体工程可根据实际条件设计。

开关站（包括各建筑物和设备）的接地网与电站总接地网连成一体。由于整个开关站占地较小，且 GIS 装置接地要求高，建议条件允许可优先选用铜材。

另根据《水力发电厂气体绝缘金属封闭开关设备配电装置设计规范》（DL/T 5139—2001）要求，GIS 配电装置应设环形接地母线，将 GIS 的接地线均引至接地母线。接地母线再与接地网多点连接。接地母线材质采用铜材，并满足动热稳定的要求。

依据《国家电网公司发电厂重大反事故措施（试行）》中关于加强继电保护二次回路的抗干扰性能，确保电站安全可靠运行的要求，在开关站继电保护盘室、通信设备室、二次盘室等电气设备房间以及主要电缆沟道等处，按屏柜布置方向及电缆走向，使用截面不小于 $100mm^2$ 的裸铜排（缆）敷设与主接地网紧密连接的等电位环形接地网，控制保护屏柜均采用截面不小于 $50mm^2$ 的铜缆与相应的等电位环形接地网相连。

10.2.4 主要电气设备及技术参数

10.2.4.1 高压电缆

具体内容详见表 10-2。

表 10-2　　　　　　　　高压电缆技术参数表

技术参数	指标
型式	单相、铜芯、XLPE 电力电缆
额定电压（U_0/U）	290/500kV
最高工作电压（U_m）	550kV
电缆截面	$800mm^2$ 或 $1000mm^2$
额定短时耐受电流及持续时间	63kA，2s
额定峰值耐受电流	160kA
绝缘水平	
操作冲击耐受电压	1240kV（峰值）
雷电冲击耐受电压	1675kV（峰值）

技术参数	指标
外护套绝缘水平	
额定 1min 工频耐压	25kV（有效值）
雷电冲击耐受电压	72.5kV（峰值）

10.2.4.2 高压电缆终端

具体内容详见表 10-3。

表 10-3 　　　　高压电缆终端技术参数表

技术参数	指标
型式	户内、单相、全干式、与 GIS 设备相连
额定电压	550kV
额定电流	1000A
额定短时耐受电流及持续时间	63kA，2s
额定峰值耐受电流	160kA
绝缘水平	
操作冲击耐受电压	1240kV（峰值）
雷电冲击耐受电压	1675kV（峰值）

10.2.4.3 GIS 设备

具体内容详见表 10-4。

表 10-4 　　　　GIS 设备技术参数表

技术参数	指标
额定电压	550kV
额定电流	2500A
额定短时耐受电流及持续时间	63kA，2s
额定峰值耐受电流	160kA

技术参数	指标
绝缘水平	
额定 1min 工频耐压	740kV（有效值）
操作冲击耐受电压	1300kV（峰值）
雷电冲击耐受电压	1675kV（峰值）

10.2.4.4 SF₆/空气出线套管

具体内容详见表 10-5。

表 10-5 　　　　SF₆/空气出线套管技术参数表

技术参数	指标
型式	户外、单相、复合绝缘出线套管
额定电压	550kV
额定电流	2500A
额定短时耐受电流及持续时间	63kA，2s
额定峰值耐受电流	160kA
绝缘水平	
额定 1min 工频耐压	740kV（有效值）
操作冲击耐受电压	1300kV（峰值）
雷电冲击耐受电压	1675kV（峰值）

10.2.4.5 电容式电压互感器

具体内容详见表 10-6。

表 10-6 　　　　电容式电压互感器技术参数表

技术参数	指标
型式	户外、电容式
系统标称电压	500kV
设备最高电压	550kV

技术参数	指标
绝缘水平	
额定1min工频耐压	
一次侧	740kV（有效值）
二次侧	3kV（有效值）
操作冲击耐受电压	1300kV（峰值）
雷电冲击耐受电压	1675kV（峰值）

10.2.4.6 氧化锌避雷器

具体内容详见表10-7。

表10-7　　　　氧化锌避雷器技术参数表

技术参数	指标
型式	户外、线路型、复合外套、立式、氧化锌、无间隙
系统标称电压	500kV
设备最高电压	550kV
标称放电电流	20kA
额定电压	444kA
持续运行电压	324kA

10.2.4.7 柴油发电机组

具体内容详见表10-8。

表10-8　　　　柴油发电机组技术参数表

技术参数	指标
型式	三相、户内开放型
额定电压	10kV
额定容量	1600kW
功率因数	0.8

注　1600kW为通用设计中柴油发电机拟定容量，仅作为示例。

10.3 电气二次部分

电气二次部分设计包括计算机监控、500kV继电保护、控制电源、火灾自动报警、视频监控及电子安防、通信等系统设计及屏柜的布置设计。

10.3.1 计算机监控系统

电站计算机监控系统采用开放式环境下的分层分布式体系结构，即采用功能及监控对象分布式方式，计算机监控系统的各种设备以节点的形式通过网络组件形成局域网，实现数据信息共享。根据监控对象的不同，设置相应的现地控制单元（LCU）。

开关站设置500kV开关站现地控制单元（LCU），本单元监控范围包括500kV开关设备、500kV电缆、500kV系统继电保护装置、调度通信系统设备、开关站220V直流电源系统设备、不间断电源系统设备、开关站厂用电配电装置以及开关站内其他公用系统设备等。

10.3.2 500kV继电保护系统

500kV继电保护系统采用微机型保护装置，满足可靠性、选择性、灵敏性和速动性的要求；保护装置应技术先进、经济合理且有成熟的运行经验。

500kV系统保护均采用两套完全冗余的保护系统，保护设备分别组屏，每套保护中的主保护应尽可能采用不同原理实现。

500kV继电保护系统主要包括2套线路主保护和后备保护装置、3套断路器保护及6套短引线保护装置、4套500kV电缆保护装置、1套失步解列装置、1套行波故障测距装置、1套功角测量装置、1套500kV电能计费系统、1套500kV故障录波装置和1套保护与故障信息管理系统等。以上保护装置均通过硬接线实现信息上送电站计算机监控系统。同时，通过通信连接到保护与故障信息管理系统，然后通过调度数据网实现与调度的通信。

10.3.3 控制电源系统

（1）直流电源系统。开关站设置1套220V高频开关直流电源系统，主要包含 3 套充电装置、2 组蓄电池、微机型监控模板、微机绝缘装置、微机电池巡检仪等。每套充电装置采用双路交流电源供电，每组蓄电池容量为 400Ah。直流电源系统负责开关站现地控制单元（LCU）设备、开关站应急照明设备、配电及不间断电源装置等供电。开关站设置直流分屏用于 500kV 线路保护装置、断路器保护（包括 500kV 短引线保护）装置、500kV 计量系统、500kV 电缆保护装置、500kV 故障录波装置、500kV 行波测距装置、开关站卫星同步时钟测量装置、500kV 功角测量装置、500kV PT 转接屏、500kV 电缆接地监视屏及高压电缆温度监测屏（DTS）、开关站 10kV 开关柜及 0.4kV 开关柜等设备供电。

（2）交流电源系统。开关站设置 1 套 10kVA 不间断电源装置，主要供电气屏柜、通信系统交换机等设备使用，每套配置 2 台不间断电源装置。

10.3.4　火灾自动报警系统

火灾自动报警系统采用总线制加少量硬布线控制方式，以自动报警控制为主，手动报警控制为辅的设计原则。电站采用控制中心报警系统，选用自动化程度高、技术先进、性能稳定、抗干扰能力强和运行维护方便的智能型火灾自动报警设备。

电站消防控制中心设在地面中控楼中控室内，开关站设置火灾自动报警区域控制屏，对规范中要求直接控制的重要消防设备联动控制。

10.3.5　视频监控及电子安防系统

视频监控系统采用全数字式，配合计算机监控系统进一步完善"无人值班"（少人值守），使得电站运行人员在中控室就可看到各监视点现场的情况，对监视点进行正常的监视检查，在发生故障时可通过摄像头迅速查看，并作出判断。

中控室设置视频监控系统主控设备对视频监控系统进行集中监控，开关站设置视频监控区域控制盘，对开关站内主要电气设备运行状态、重要部位的安全及火灾进行监视。摄像机主要布置在电气设备房间内，如 GIS 室、变压器室、二次盘室、继电保护盘室、直流盘室、蓄电池室、通信设备盘室以及出入大门等，摄像头数量可结合实际电气房间数量及规模进行确定，以形成视频监控网络。

开关站设置 1 套周界报警控制系统，周界上布置 1 套入侵探测器，并将周界报警信号上传至中控室。现场报警控制设备和传输设备应采取防拆、防破坏措施。

10.3.6　通信系统

电站设置一套具有先进水平、功能完善的通信系统。利用该通信系统，对电站进行现代化管理，实现电站"无人值班"（少人值守），并确保电站安全运行。系统通信设备主要布置在开关站通信设备盘室，如光传输设备、PCM 设备及综合配线设备等。厂内通信设备主要布置在中控楼通信设备盘室，如音频交换设备、调度台及总配线设备等。厂内通信设备布置位置结合电站通信系统设计方案及电站枢纽建筑物布置格局也可布置在开关站通信设备盘室。

电站以一回 500kV 线路接入电力系统，作为电站与系统调度端之间的电话和数据信息传输通道，系统通信采用 OPGW 光纤通信方式，通过 500kV 线路上的一回 OPGW 光缆电路实现电站与调度端的通信。

开关站通信设备采用直流不停电方式供电，采用双重化配置，设置两台智能型高频开关电源设备和两组 48V 阀控式密封铅酸蓄电池，每组蓄电池容量约为 200Ah。

10.3.7　GIS 室环境在线监测系统

GIS 室内配置 SF_6 气体在线监测系统，当 GIS 室内环境中 SF_6 气体含量超标或缺氧时进行报警，同时联动开启 GIS 室内通风机进行通风，并传送报警信号至计算机监控系统。GIS 室外入口处布置 GIS 室内通风机控制箱及 SF_6 气体在线监测报警装置。

10.4　开关站设备布置

开关站内布置有开关楼主、副厂房、出线场、柴油发电机房和门卫室。

主厂房首层布置 3 组 GIS 断路器间隔及控制盘等设备，地下设电缆层，便于电缆竖井中 500kV 高压电缆的引出以及与 GIS 设备的连接。

副厂房地上四层，地下一层。首层布置高、低压开关柜室、变压器室；二层布置电缆桥架；三层布置二次盘室、保护盘室、直流盘室及通信值班室等；四层布置通信电源室、通信设备室、蓄电池室及钢瓶间等；地下一层布置通风机房、消防水池及泵房。

户外出线场布置 1 组 500kV SF$_6$/空气套管，1 组电容式电压互感器，1 组避雷器和 1 组出线门型架。

为了在出线场设备的安全性评价工作中便于定期对盐密和灰密进行测量，出线门型架横梁两侧各安装一串（20 片）与带电悬垂绝缘子同型的零挂绝缘子。

以 1600kW 柴油发电机示例：柴油发电机房布置柴油发电机组、控制盘、日用油箱（1m³）、油泵和地下油罐（3m³）；日用油箱和地下油罐储存的油量可满足柴油发电电机 8h 运行。具体工程中可根据选定的柴油发电机容量及要求的运行时间，确定地下油罐的容积。

门卫室布置了值班室和门卫值班人员休息生活的房间，包括厨房和卫生间，考虑夫妻岗。

10.5　土建部分

10.5.1　建筑专业设计说明

10.5.1.1　总平面设计

拟建开关站的工程用地为长 95m、宽 65m 的矩形用地，场地按平地设计，用地面积 6175m²。

拟建用地内建筑包括开关楼主、副厂房、柴油发电机房、门卫室和出线场；场地设置一个主要出入口以及一条交通环路，场地内交通便利。

厂区入口布置门卫室和大门，沿进场道路一侧布置整体式开关楼的主、副厂房，开关楼主厂房的背面布置出线场。柴油发电机房布置在门卫室后面。门卫室和柴油发电机房之间的空地处设置室外停车场。

厂区内道路宽度 4m，道路转弯半径不小于 10m。

围墙设计为高度 2.5m 的实体围墙，采用高度为 1.8m 的电动推拉伸缩大门，大门内侧设防止汽车冲撞的装置。

10.5.1.2　建筑设计

拟建开关楼包括主厂房和副厂房，为整体布置方式，开关楼与出线场为前后布置方式。主厂房地下一层、地上一层，地上一层设置一台 10t 桥式起重机。副厂房地下一层，地上四层。副厂房地下一层布置通风机房、消防水池、泵房、楼电梯间；首层布置公用变室、低压开关室、高压开关室、办公室、会议室、楼电梯间、卫生间；二层布置：电缆夹层、楼梯间；三层布置：直流盘室、二次盘室、继电保护盘室、通信值班室、卫生间、楼电梯间等；四层布置：蓄电池室、通风机房、气体灭火钢瓶室、通讯电源室、通讯设备室、电气试验室、楼电梯间等。其中电梯和楼梯间部分与电站的出线竖井在垂直方向正对，乘坐电梯可从开关楼副厂房直达地下厂房的下出线平洞，从楼梯间也可由出线竖井到达开关楼副厂房从而达地面。

主厂房地下一层层高 5m，地上一层层高 16m；副厂房地下一层层高为 5m，一层层高 4.4m，二层层高 2.8m，三、四层层高均为 4.4m。

地下一层底板、外墙均外包防水卷材，外墙防水卷材高出地面 0.5m，外装修时将其覆盖，防水等级为一级。在地下水位较高或地下水丰富的地区，为防止外包防水层施工质量达不到要求或破坏，可根据地区实际情况，在地下一层室内设排水沟、集水坑和排水泵以排除地下水渗漏。

10.5.1.3　建筑外观设计

建筑风格力求建筑外观大气简洁，体现工业建筑特点。

外观设计上强调建筑的线条变化，通过对线条的横竖梳理，结合建筑坡屋顶造型，形成了简约现代的建筑立面造型。

建筑外装修以外墙面砖为主,以大面积的深雅灰色作为主基色,本方案为暖色系色调的方案。

在开关楼主副厂房内人能够得着的地方,选用平开塑钢窗或铝合金窗,开启扇应加防虫网(纱扇);在人够不着的地方,选用固定塑钢窗或铝合金窗,玻璃选用双层中空玻璃。

疏散外门选用平开钢质防盗门;厂房运输大门采用平开彩钢大门或钢质卷帘门;普通室内房间门选用木门;电气设备房间门选用防火门;防火分区隔墙上的门选用甲级钢质防火门。

10.5.1.4 室外景观设计

为了减少生产工作人员因长时间处在特定环境产生的疲劳感,通过景观设计创造出宜人舒心的室外环境,使人们能够产生轻松的体验和心情。

景观设计把靠近场地入口部分的区域作为重点进行处理,通过花池、种植及竹丛配以旁边的白卵石和青石板铺地(也可采用砌立砖),室外空间让人感觉宁静和亲切。

所有入口都配以铺地,方便停车,建筑的主要入口还结合建筑形态砌筑出花台。

10.5.1.5 建筑消防设计

本工程主要生产类别以丁类为主,柴油发电机房及其储油间为丙类、其耐火等级为一级,其余耐火等级为二级。

建筑防火间距:大于等于 10m,厂区设置消防环路。

地下一层设置两个防火分区,每个分区不大于 1000m²。每个防火分区用防火墙和甲级防火门分隔。地上按一个防火分区考虑。

主厂房首层设两个直通室外的安全出口,副厂房首层设置两个安全出口,一至四层设置一部疏散楼梯。

主厂房和副厂房地下一层各设一部疏散楼梯通至首层对外安全出口,另外一个疏散出口为主、副厂房相邻防火墙上设的甲级防火门。

电缆层消防设计应满足消防规范和当地消防部门的要求,设置合适的防火设施。

10.5.1.6 技术经济指标

(1)用地面积:6175m²。

(2)建筑基底面积:1512m²。

    主厂房:840m²。

    副厂房:480m²。

    柴油发电机房:143m²。

    门卫室:49m²。

(3)建筑面积:4272m²。

    主厂房:1680m²。

    副厂房:2400m²。

    柴油发电机房:143m²。

    门卫室:49m²。

(4)建筑层数:地上一至四层,地下一层。

(5)建筑高度:16m。

(6)防火等级:柴油发电机房及其储油间为一级,其余为二级。

(7)屋面防水等级:一级。

(8)地下室防水等级:一级,地下室底板和外墙均外包卷材防水。

10.5.1.7 建筑装修

请详见表 10-9 至表 10-11。

表 10 - 9

室 内 装 修 表

建筑名称	房间名称	楼、地面	踢脚、墙裙	内墙	顶棚
主厂房	地下一层	水泥砂浆地面	水泥踢脚	耐擦洗内墙涂料墙面	耐擦洗内墙涂料顶棚
	一层	自流平楼面或地砖楼面	水泥油漆踢脚或地砖踢脚	耐擦洗内墙涂料墙面	耐擦洗内墙涂料顶棚
	楼梯间	地砖楼地面	地砖踢脚	耐擦洗内墙涂料墙面	耐擦洗内墙涂料顶棚
副厂房	电梯厅、门厅、走廊	地砖楼地面	地砖踢脚	耐擦洗内墙涂料墙面	耐擦洗内墙涂料顶棚
	公用变室	地砖地面	地砖踢脚	耐擦洗内墙涂料墙面	耐擦洗内墙涂料顶棚
	消防水泵房	防滑地砖地面	地砖踢脚	耐擦洗内墙涂料墙面	耐擦洗内墙涂料顶棚
	高、低压开关室	地砖楼面	地砖踢脚	耐擦洗内墙涂料墙面	耐擦洗内墙涂料顶棚
	直流盘室、二次盘室、保护盘室	地砖楼面	地砖踢脚	耐擦洗内墙涂料墙面	耐擦洗内墙涂料顶棚
	通信设备室	地砖楼面	地砖踢脚	耐擦洗内墙涂料墙面	耐擦洗内墙涂料顶棚
	气体灭火钢瓶室	地砖楼面	地砖踢脚	耐擦洗内墙涂料墙面	耐擦洗内墙涂料顶棚
	办公室、会议室、值班室	地砖楼面	地砖踢脚	耐擦洗内墙涂料墙面	防潮石膏板吊顶
	电缆夹层	细石混凝土楼面	水泥踢脚	耐擦洗内墙涂料墙面	耐擦洗内墙涂料顶棚
	强电间、弱电间、竖井、管道井	混凝土楼地面	—	1:2.5水泥砂浆，刷白	白水泥浆
	通风机房、空调机房	混凝土楼地面	水泥踢脚	矿棉吸声板内墙面	矿棉吸声板顶棚
	库房、工具间	地砖楼地面	地砖踢脚	耐擦洗内墙涂料墙面	耐擦洗内墙涂料顶棚
	卫生间	防滑地砖防水楼地面	—	瓷砖内墙面（防水层到顶）	铝扣板吊顶
	楼梯间	地砖楼地面	地砖踢脚	耐擦洗内墙涂料墙面	耐擦洗内墙涂料顶棚
柴油发电机房	控制盘室	地砖地面	地砖踢脚	耐擦洗内墙涂料墙面	耐擦洗内墙涂料顶棚
	机房、储油间	不发火混凝土地面	水泥踢脚	耐擦洗内墙涂料墙面	耐擦洗内墙涂料顶棚
门卫室	门卫、值班、住宿	地砖地面	地砖踢脚	耐擦洗内墙涂料墙面	耐擦洗内墙涂料顶棚
	卫生间	防滑地砖防水地面	—	瓷砖（防水层到顶）	铝扣板吊顶
	厨房	防滑地砖防水地面	—	瓷砖内墙面	铝扣板吊顶

表 10 - 10   **室外工程做法表**

项目	名称	备注
散水	混凝土散水	
台阶	室外地砖台阶	
坡道	混凝土坡道	
道路	混凝土道路	
铺地	室外地砖或混凝土铺地	

表 10 - 11   **室外装修做法表**

项目	名称	备注
屋面	挂瓦屋面＋卷材防水＋保温层	坡屋顶的闷顶可作为隔热层
外墙面	外墙面砖、外墙涂料外墙面	
地下防水	柔性卷材防水	

注 由于本方案用于北方气候地区，设计时应根据所处具体气候分区，配合设备专业热工计
   算，确定外维护结构传热指标，采用相应的外墙、屋面以及门窗等为维护结构保温构造
   做法。

10.5.2 结构专业设计说明

10.5.2.1 工程概况

本建筑组团包括开关楼、门卫室、柴油发电机房、出线场、围墙等部分。开关楼分为主厂房和副厂房两部分；主厂房部分地下一层、地上一层，地上布置一台 10t 的桥式起重机。副厂房部分地下一层，地上四层。主体结构采用现浇钢筋混凝土框架结构，筏板基础。主副厂房之间设变形缝。柴油发电机房为单层建筑物，采用现浇钢筋混凝土框架结构，独立柱基。门卫室为单层建筑，采用现浇钢筋混凝土框架结构，独立柱基，也可采用砌体结构，条形基础。出线构架支架采用钢管混凝土或钢管、横梁用钢桁架结构。

10.5.2.2 结构设计基本资料

（1）主体结构设计使用年限：50 年。

（2）建筑结构安全等级：根据电站等级确定其安全等级，为一级或二级。

（3）建筑抗震设防类别：主、副厂房、柴油发电机房为重点设防类（乙类）；值班室为标准设防类（丙类）。

（4）地面粗糙度为 B 类或 A 类。

（5）风荷载、雪荷载按工程所在地的位置结合我国现行规范来确定。

（6）建筑物抗震等级：主厂房地下为二级、地上为一级；副厂房地下为三级、地上为二级；柴油发电机房、值班室为三级。

（7）建筑物地基基础设计等级为丙级或乙级。

10.5.2.3 活荷载标准值

具体内容详见表 10 - 12。

表 10 - 12   **活荷载标准值表**

房间名称	活荷载标准值/(kN/m²)
办公室、值班室	3.0
会议室	4.0
卫生间	2.5
走廊、楼梯	3.5
阳台	2.5
上人屋面	2.0
不上人屋面	0.5
高低压开关柜室	4.0
通风机房	7.0
蓄电池室	6.0
通信电源室、通信设备室	6.0
GIS 室	20.0

GIS 室应根据具体工程不同厂家产品综合考虑断路器操作时垂直荷载、水平荷载以及运输车是否进入 GIS 层确定。

GIS 室内布置 10t 桥式起重机一台。

10.5.2.4 材料

混凝土：基础垫层采用 C15 混凝土，主体结构采用 C30 混凝土，地下室混凝土抗渗等级为 P6。严寒地区和寒冷地区，地下室混凝土抗冻等级为 F300。

钢筋：HPB300 级和 HRB400 级。

吊钩、吊环采用 HPB300 钢，不得采用冷加工钢筋。

钢材：Q235 和 Q345。

砌体：承重砌体采用 Mu15 蒸压灰砂砖、黏土空心砖（非限黏地区）或 Mu10 黏土砖（非限黏地区），±0.000 以下不得采用空心砖或空心砌块。±0.000 以下采用 M5 水泥砂浆，±0.000 以上 M5 混合砂浆。本条适用于警卫室和围墙。

框架结构填充墙砌体：A3.5 蒸压加气混凝土砌块，Mb5 混合砂浆，砌块容重≤8kN/m³。

排水沟可采用 Mu30 毛石和 M5 水泥砂浆砌筑。也可采用现浇钢筋混凝土结构，采用混凝土结构时，用 C20 混凝土。

手工焊时 HPB300 级钢筋、Q235 钢材采用 E43×× 型焊条；HRB400 级钢筋、Q345 钢材采用 E50×× 型焊条，钢筋与钢材焊接随钢筋定焊条型号。

10.5.3 供暖通风、消防及给排水专业设计说明

10.5.3.1 供暖通风设计

供暖通风设计包括通风系统、供暖系统、防排烟及事故（后）通风等系统设计、设备布置。

（1）开关楼通风系统设计。开关楼主厂房为地下一层、地上一层；副厂房为地下一层、地上四层。其中主厂房地下一层及副厂房所有房间通风方式采用机械送、排风，主厂房地上一层通风方式采用自然送风、机械排风。考虑到主厂房有事故通风要求，排风量按事故通风量校核，设计采用平时排风及事故时排风 2 套通风系统，平时通风按不小于 2 次/h 换气设计，事故时按不小于 4 次/h 换气设计，排风管道设置在地面上母线管道附近，能有效排除泄漏的 SF₆ 有害气体。

蓄电池室、钢瓶间均设独立的排风系统，排风机采用防爆风机，排风直接排至室外。蓄电池室通风设测氢监测装置控制。

（2）出线竖井通风系统设计。为保证出线洞内敷设的电缆运行环境温度不致过高，设计在出线平洞及出线竖井的每一个电缆分隔段内设置通风，通风系统的设计为机械送、排风，串、并联布置，其中送风引自地下厂房。出线竖井排风机设置在地面开关楼副厂房四层的通风机房。

出线竖井内楼梯间及合用前室，分别设置有正压送风系统。因设计出线竖井深度超过 200m，楼梯间及合用前室的正压送风竖井均为 2 组，分上、下两个区域。4 台正压送风机设置在地面开关楼副厂房四层的通风机房。

（3）柴油发电机房通风系统设计。柴油发电机房设有事故通风系统，通风方式采用自然送风、机械排风。

（4）开关站供暖系统设计。开关楼主厂房、副厂房内房间，门卫室供暖方式均采用电暖器。开关楼主厂房、副厂房一层外门处设电热风幕，地下一层通风机房的主送风管道上设有风管式电加热器。

10.5.3.2 消防及给排水系统设计

消防及给排水系统设计范围包括开关楼主副厂房的消火栓系统及副厂房、门卫室生活给排水系统。

（1）消防系统设计及设备布置。

1）消防供水系统。在开关楼设置了室内、室外消火栓系统。按一个着火点最大消防用水量设计，根据《水电工程设计防火规范》（GB 50872—2014）相关规定，地面开关楼设室内及室外消火栓，其中室内消火栓水量为 10L/s，室外消火栓水量按 20L/s，火灾延续时间按 2h 设计，消防用水量为 216m³。副厂房地下一层设有效容积为 250m³ 的消防水池和消防水泵房，在消防水泵房内布置 2 台消防水泵，一备一用，流量 108m³/h，扬程 60m，功率 30kW；消防系统稳压设备设在消防水泵房内，有效容积为 12m³ 的高位消防水箱设置在顶层水箱间内。

从开关楼副厂房地下消防水泵后引两根 DN100 的消防供水管路，供给开关站室内、室外消火栓。开关楼主厂房地下一层、首层各设 6 套室内消火栓；副厂房部分地下一层到地上四层，每层分别设 2 套消火栓，在顶层楼梯间高处设 1 套试验消火栓。室内消火栓箱均设手动消防水泵启泵按钮。

地面出线场位于开关楼的后面，设室外消火栓 2 套。

柴油机房建筑面积较小，只布置室外消火栓，由于和开关楼相邻，因此与开关楼共用室外消火栓。

2）消防器材。本开关站火灾类型含 A、B、C、E 4 类，火灾危险性含中危险级和轻危险级，为方便采购和管理，所有手提式灭火器的配置基准按 2A 或 55B。在不同的场所，根据不同需要配置磷酸铵盐干粉灭火器、泡沫灭火器、二氧化碳灭火器等。

消火栓箱采用国标图集 04S202 中戊型消火栓箱，栓口距地面 1.1m。消火栓箱内设 SN65 消火栓，配备 ϕ19mm 口径水枪及 DN65、25m 长衬胶水龙带以及消防卷盘。

3）设备消防。500kV GIS、开关楼变压器、高压开关柜、低压开关柜等均选用无油设备。开关楼主厂房地下一层电缆室及副厂房电缆层，电缆消防设计应满足消防规范和当地消防部门的要求，设置合适的防火设施。

（2）给排水系统设计及设备布置。

1）生活给水系统。地面开关站生活给水水源为副厂房地下一层消防水池，生活给水主要用于副厂房、门卫室卫生间用水。生活用水在消防水泵房经过滤、消毒等水处理设备处理，达到饮用水卫生标准后由生活水供水设备至各用水点。

2）生活排水系统。地面开关站室外地下设有化粪池及污水处理系统，副厂房、门卫室排出的污水进入化粪池，由排水管引入室外的污水处理系统（包括调节池、缺氧池、MBR 池、清水池等），经综合生物污水处理设备处理达到排放标准后就近排放。

第 11 章 主要设备清册

11.1 电气一次主要设备清册

具体内容详见表 11-1。

11.2 电气二次主要设备清册

具体信息详见表 11-2。

表 11-1 电气一次主要设备清册表

序号	项目名称	技术参数	单位	数量	布置地点	备注
1	500kV 电力电缆	—	—	—		
1.1	超高压电力电缆	290/500kV，XLPE 1×800mm² （或 1000mm²），63kA/2s	m	—		
1.2	全干式电缆终端	290/500kV，$I_n \geq$1000A，63kA/2s	只	6		不含地下 6 只
2	500kV GIS		套	1		
2.1	高压断路器	GIS-550kV，I_n=2500A，63kA，63kA/2s，160kA	组	3		
2.2	SF₆/空气套管	GIS-550kV，I_n=2500A，63kA/2s	只	3	—	

序号	项目名称	技术参数	单位	数量	布置地点	备注
3	500kV 出线场设备	—	套	1	—	—
3.1	电容式电压互感器	$550\text{kV}, \dfrac{500}{\sqrt{3}}\bigg/\dfrac{0.1}{\sqrt{3}}\text{kV}$	台	3	—	—
3.2	避雷器	$ZnO, U_n=444\text{kV}, 20\text{kA}$	台	3	—	—
3.3	500kV 设备连接导线	2xLGJQT－1400	m	150	—	—
3.4	500kV 线夹	2xLGJQT－1400 配套线夹	个	21	—	—
4	开关站配电系统	—	—	—	—	—
4.1	柴油发电机组	$1600\text{kW}, 10\text{kV}, \cos\varphi=0.8$	套	1	柴油机房	—
4.2	开关楼变压器	三相干式，带外壳，无激磁调压，10/0.4kV	台	2	副厂房地下一层	—
4.3	高压开关柜	中置式真空开关柜，12kV	面	4	副厂房首层	—
4.4	低压开关柜	抽屉式开关柜，0.4kV	面	7	副厂房首层	其中逆变装置1套，应急照明盘1面

表 11－2　　　　　　　　　　　　　　　　　　　　　电气二次主要设备清册表

序号	项目名称	技术参数	单位	数量	布置地点	备注
1	计算机监控系统	—	—	—	副厂房三层	
1.1	开关站 LCU 柜	PLC	面	3	—	
2	500kV 继电保护系统	—	—	—	副厂房三层	
2.1	500kV 线路保护柜	数字式	面	2	—	含后备保护
2.2	500kV 电缆保护柜	数字式	面	8	—	
2.3	500kV 断路器保护柜	数字式	面	3	—	含6套短引线保护
2.4	故障录波装置柜	—	面	2	—	
2.5	电能计量柜	—	面	1	—	
2.6	保护与故障信息管理系统	—	套	1	—	
2.7	功角测量柜	—	面	1	—	
2.8	行波测距柜	—	面	1	—	如有
2.9	失步解列柜	—	面	1	—	
2.10	卫星同步时钟测量柜	—	面	1	—	
3	控制电源系统	400Ah	—	—	副厂房三、四层	
3.1	直流电源系统	—	—	—	—	
3.1.1	蓄电池组	400Ah	组	2	—	DC 220V

序号	项目名称	技术参数	单位	数量	布置地点	备注
3.1.2	充电装置柜	—	面	3	—	
3.1.3	馈线柜	—	面	2	—	
3.1.4	联络柜	—	面	1	—	
3.2	不间断电源系统	—	—	—	—	
3.2.1	不间断电源	10kVA	面	2	—	AC 220V
4	火灾自动报警系统	—	—	—	副厂房三层	
4.1	开关站区域控制盘	—	面	1		
5	视频监控及电子安防系统	—	—	—	副厂房三层	
5.1	开关站区域控制盘	—	面	1		
5.2	入侵探测器	—	套	1		
6	通信系统	—	—	—	副厂房四层	
6.1	综合配线柜	—	面	1		
6.2	光传输设备柜	—	面	2		
6.3	PCM 柜	—	面	2		
6.4	通信电源柜	—	面	2		
6.5	通信蓄电池柜	200Ah	面	2	—	DC 48V

11.3 供暖通风、消防及给排水主要设备清册

具体信息详见表 11-3。

表 11-3　供暖通风、消防及给排水主要设备清册表

序号	项目名称	技术参数	单位	数量	布置地点	备注
1	通风					
1.1	开关楼主、副厂房送风机	HTFC-Ⅰ-28 风量：28590m³/h　风压：292Pa 功率：7.5kW　转速：450r/min	台	1	副厂房地下一层通风机房	
1.2	开关楼主、副厂房排风机	HTFC-Ⅰ-28 风量：28590m³/h　风压：292Pa 功率：7.5kW　转速：450r/min	台	1	副厂房四层通风机房	

序号	项目名称	技术参数	单位	数量	布置地点	备注
1.3	开关楼事故排风	HTFC-Ⅲ-No33 风量：39314m³/h　风压：435Pa 功率：11kW　转速：400r/min	台	1	开关楼主厂房	
1.4	开关楼平时排风	CDZ-No10 风量：29999m³/h　风压：208Pa 功率：3kW　转速：720r/min	台	1	开关楼主厂房	
1.5	出线竖井排风机	DTF-Ⅰ-7-1 风量：19450m³/h　风压：721Pa 功率：7.5kW　转速：1450r/min	台	1	副厂房四层通风机房	

序号	项目名称	技术参数	单位	数量	布置地点	备注
1.6	消防楼梯间正压送风机（上部）	SWF－Ⅰ－No7 风量：18800m³/h　风压：329Pa 功率：3kW　转速：1450r/min	台	1	副厂房四层通风机房	
1.7	合用前室正压送风机（上部）	SWF－Ⅰ－No7 风量：15319m³/h　风压：370Pa 功率：3kW　转速：1450r/min	台	1	副厂房四层通风机房	
1.8	消防楼梯间正压送风机（下部）	DTF－Ⅰ－6.5－1 风量：19134m³/h　风压：466Pa 功率：4kW　转速：1450r/min	台	1	副厂房四层通风机房	
1.9	合用前室正压送风机（下部）	DTF－Ⅰ－6－1 风量：16275m³/h　风压：476Pa 功率：5.5kW　转速：2900r/min	台	1	副厂房四层通风机房	
1.10	蓄电池室排风机	BT35－No5 风量：7841m³/h　风压：156Pa 功率：0.75kW　转速：1450r/min	台	1	副厂房四层通风机房	
1.11	钢瓶间排风机	BT35－11－No3.15 风量：1689m³/h　风压：52Pa 功率：0.12kW	台	1	钢瓶间	
1.12	卫生间排气扇	BPT10－12－BH 风量：120m³/h 功率：0.046kW	台	2	副厂房卫生间	
1.13	柴油发电机房排风机	BT35－11－No3.15 风量：3076m³/h　风压：180Pa 功率：0.37kW　转速：2900r/min	台	1	柴油发电机房	
2	供暖					
2.1	电暖器	$N=2.5kW$	台	40	—	
2.2	电暖器	$N=2kW$	台	12	—	
2.3	电热风幕	$L=1500mm$　$N=2kW$	台	4	—	
2.4	电热风幕	$L=1800mm$　$N=2kW$	台	2	—	
2.5	风管式电加热器	$N=40kW$	组	1	—	
3	消防					
3.1	消防供水泵	XBD4/25－125L $Q=108m^3/h$　$H=60mH_2O$ $N=30kW$	台	2	副厂房地下一层消防泵房	一用一备
3.2	消防系统定压设备	ZW－Ⅰ－X－10 $Q=18m^3/h$　$H=25mH_2O$ $N=1.5kW$	套	1	副厂房地下一层消防泵房	
3.3	高位消防水箱	有效容积：12m³	台	1	副厂房顶层消防水箱间	
3.4	室内消火栓	单栓 SN65φ19 喷雾水枪 水龙带 25m	套	23	—	
3.5	试验消火栓	单栓 SN65φ19 喷雾水枪 水龙带 25m	套	1	—	
3.6	室外地下式消火栓	SA100/65－1.6	套	2	—	
3.7	手提式磷酸铵盐干粉灭火器	MF/ABC5（灭火剂5kg）	具	50	—	
3.8	电缆层灭火系统	—	套	1	—	
4	给排水					
4.1	生活水供水设备	2DRL2－3 $Q=1m^3/h$　$H=40mH_2O$ $N=4kW$	套	1	副厂房地下一层消防泵房	
4.2	生活水处理设备	$Q=1m^3/h$	套	1	副厂房地下一层消防泵房	包括过滤器及消毒器等
4.3	污水处理设备	$Q=1.5m^3/h$	套	1	室外	包括调节池、缺氧池、MBR池、清水池等
4.4	潜污泵	Flygt M3085 HT253 $Q=7.5m^3/h$　$H=6.2mH_2O$ $N=2.4kW$	台	4	副厂房地下一层、开关楼地下一层泵坑	

第 12 章　设　计　图

设计图纸目录见表 12-1。

表 12-1　　　　　　　　　　设计图纸目录表

图号	名称
图 12-1	电气主接线图
图 12-2	开关站全景图（一）
图 12-3	开关站全景图（二）
图 12-4	开关站俯视图
图 12-5	开关站设备全景图
图 12-6	门卫室布置图
图 12-7	开关楼主副厂房立面视图
图 12-8	开关楼主副厂房纵剖图

续表

图号	名称
图 12-9	开关楼主副厂房横剖图
图 12-10	开关楼主副厂房地下一层设备布置图
图 12-11	开头楼主副厂房一层设备布置图
图 12-12	开关楼主副厂房二层设备布置图
图 12-13	开关楼主副厂房三层设备布置图
图 12-14	开关楼主副厂房四层设备布置图
图 12-15	柴油发电机房布置图

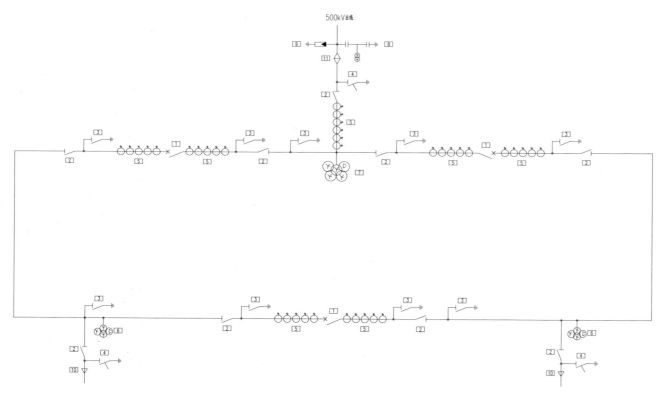

500kV出线

主要电气设备表

序号	设备名称	规 格 型 号	单位	数量	备注
1	断路器	550kV, In=2500A ,63kA	组	3	
2	隔离开关	Un=550kV, In=2500A, 63kA/2s	组	9	
3	接地开关	Un=550kV, In=2500A, 63kA/2s	组	9	
4	快速接地开关	Un=550kV, In=2500A, 63kA/2s	组	3	
5	电流互感器	550kV, 2500/1A	只	108	
6	电压互感器	550kV, $\frac{500}{\sqrt{3}}/\frac{0.1}{\sqrt{3}}/\frac{0.1}{\sqrt{3}}/0.1kV$	只	6	
7	电压互感器	550kV, $\frac{500}{\sqrt{3}}/\frac{0.1}{\sqrt{3}}/\frac{0.1}{\sqrt{3}}/\frac{0.1}{\sqrt{3}}/0.1kV$	只	3	
8	电容式电压互感器	550kV, $\frac{500}{\sqrt{3}}/\frac{0.1}{\sqrt{3}}$ kV	台	3	
9	避雷器	Un=444kV, 20kA	只	3	
10	500kV 电缆终端	Un=500kV, 1000A	只	6	
11	SF$_6$/ 空气出线套管	Un=500kV, 2500A	只	3	

图 12-1   电气主接线图

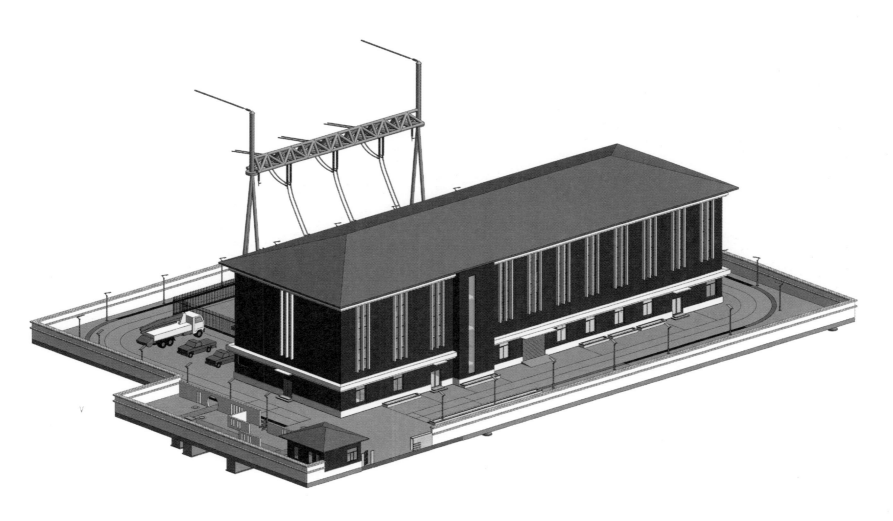

图 12 - 2　开关站全景图（一）

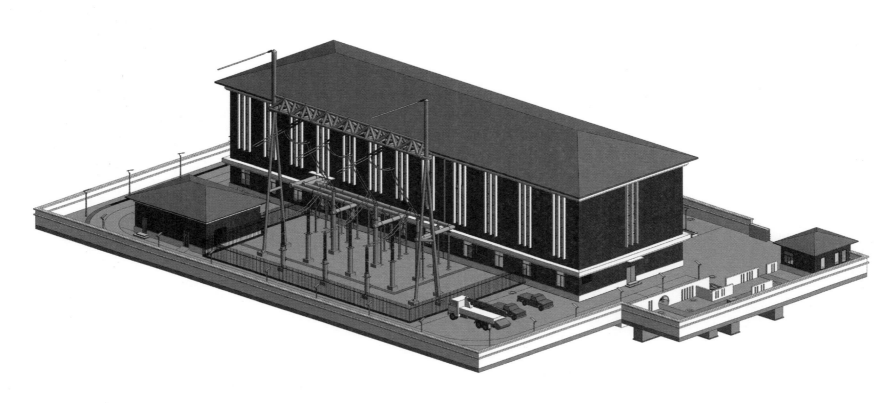

图 12-3　开关站全景图（二）

第 3 篇　方案二

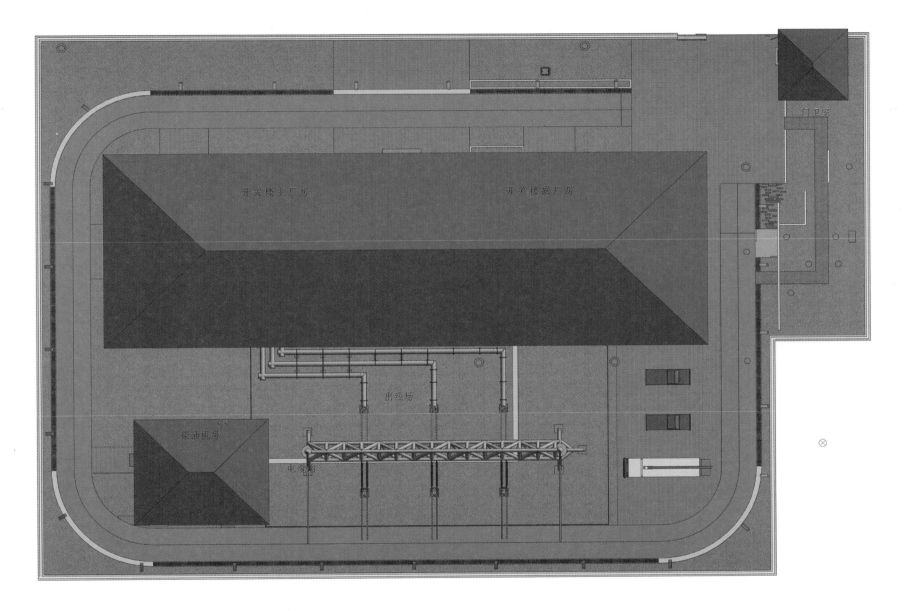

图 12-4　开关站俯视图

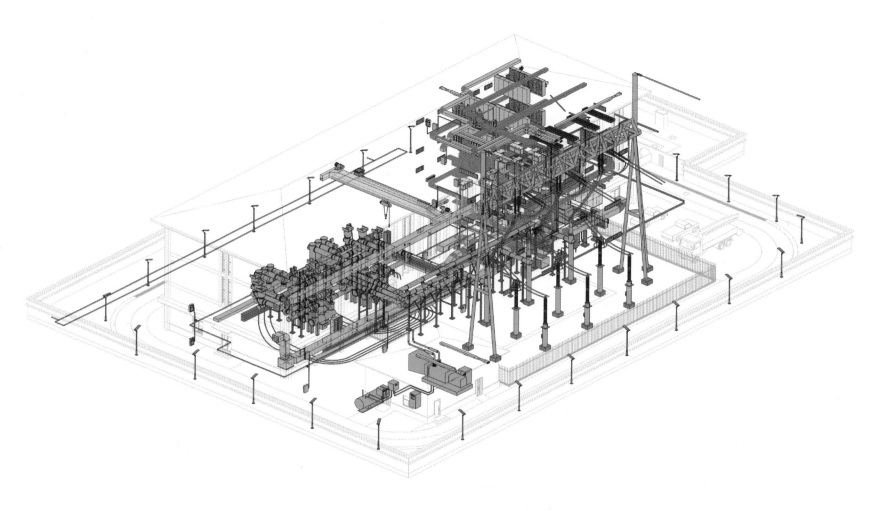

图 12-5　开关站设备全景图

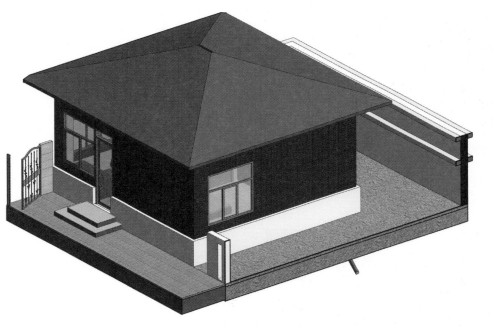

门卫室建筑外观三维图

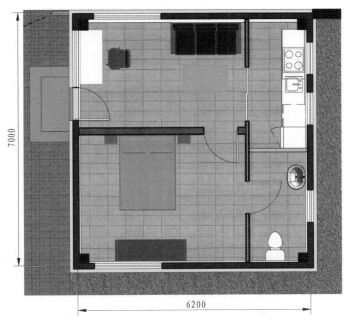

门卫室布置平面图

图 12 - 6　门卫室布置图

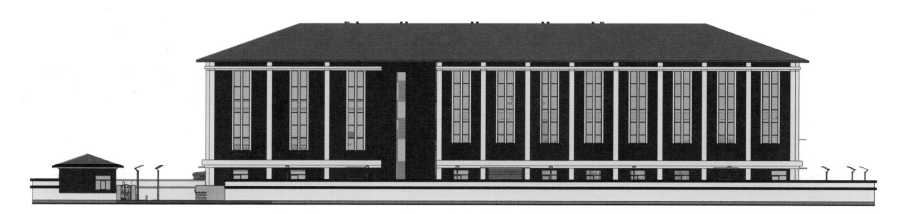

开关楼主副厂房正视图

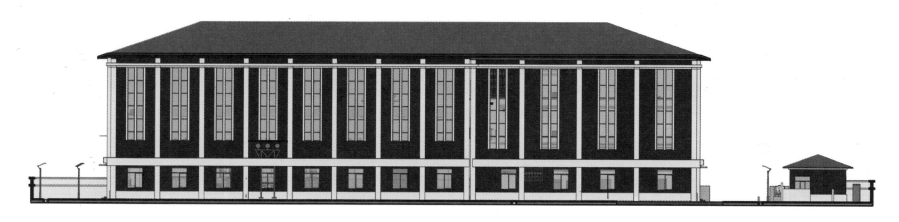

开关楼主副厂房背视图

图 12 - 7　开关楼主副厂房立面视图

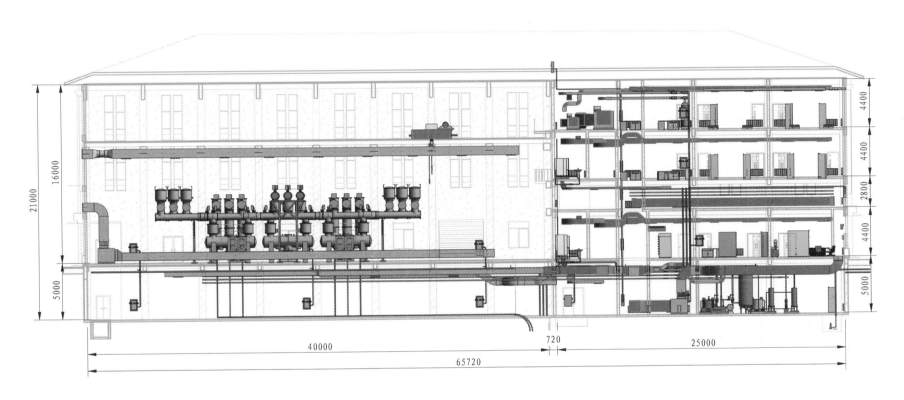

图 12-8 开关楼主副厂房纵剖图

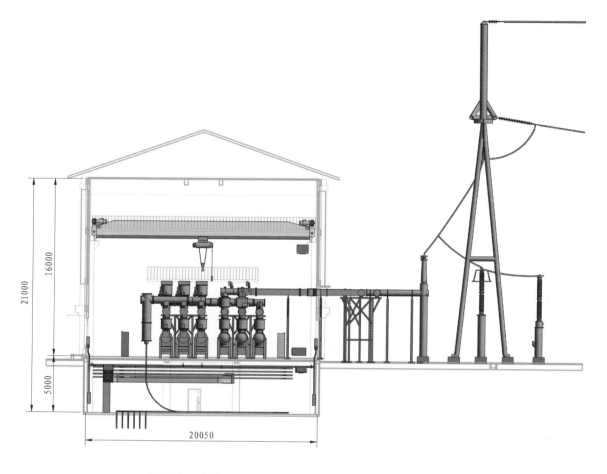

开关楼主厂房横剖图

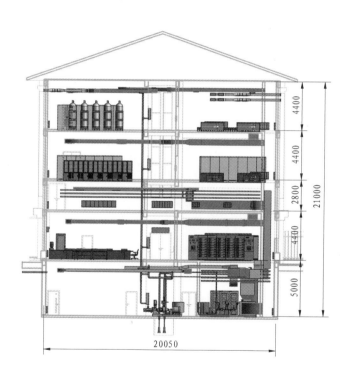

开关楼副厂房横剖图

图 12-9　开关楼主副厂房横剖图

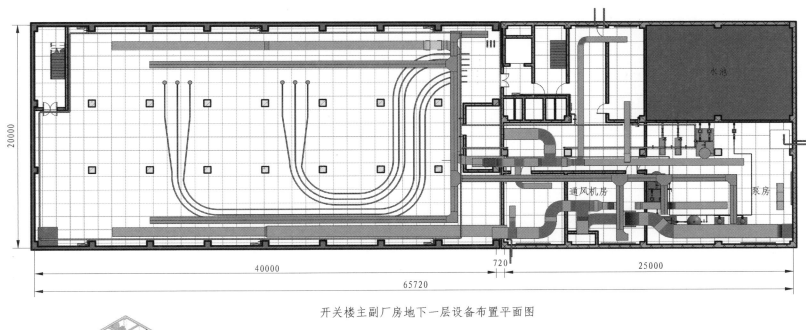

开关楼主副厂房地下一层设备布置平面图

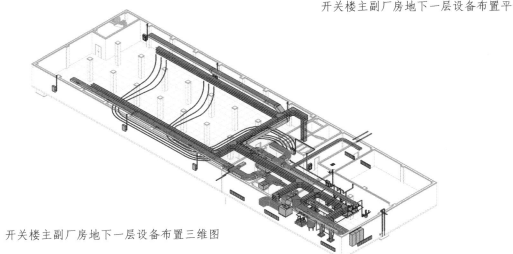

开关楼主副厂房地下一层设备布置三维图

图 12-10　开关楼主副厂房地下一层设备布置图

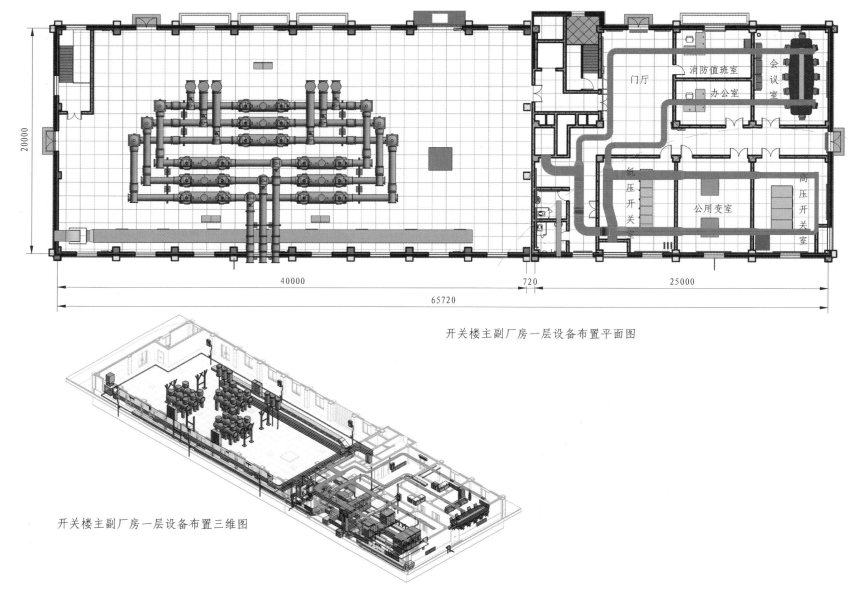

开关楼主副厂房一层设备布置平面图

开关楼主副厂房一层设备布置三维图

图 12-11　开关楼主副厂房一层设备布置图

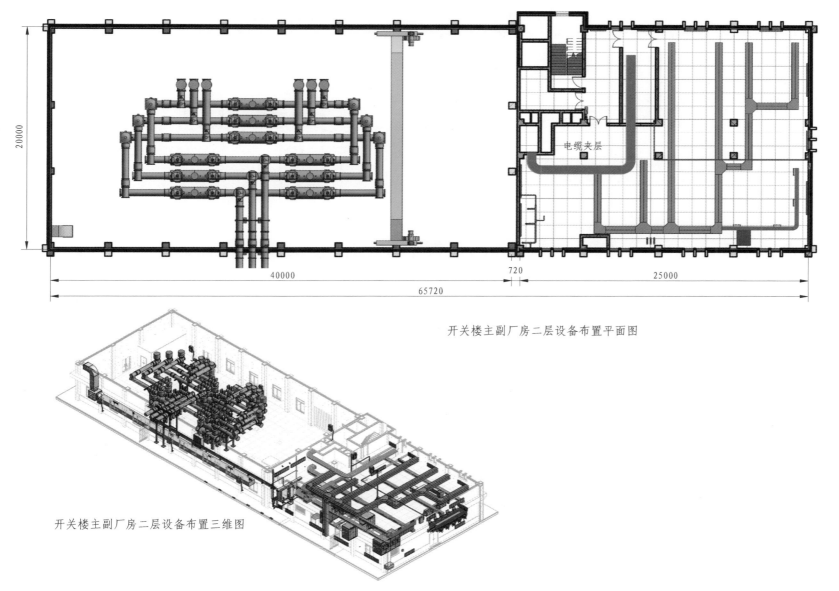

开关楼主副厂房二层设备布置平面图

开关楼主副厂房二层设备布置三维图

图 12-12　开关楼主副厂房二层设备布置图

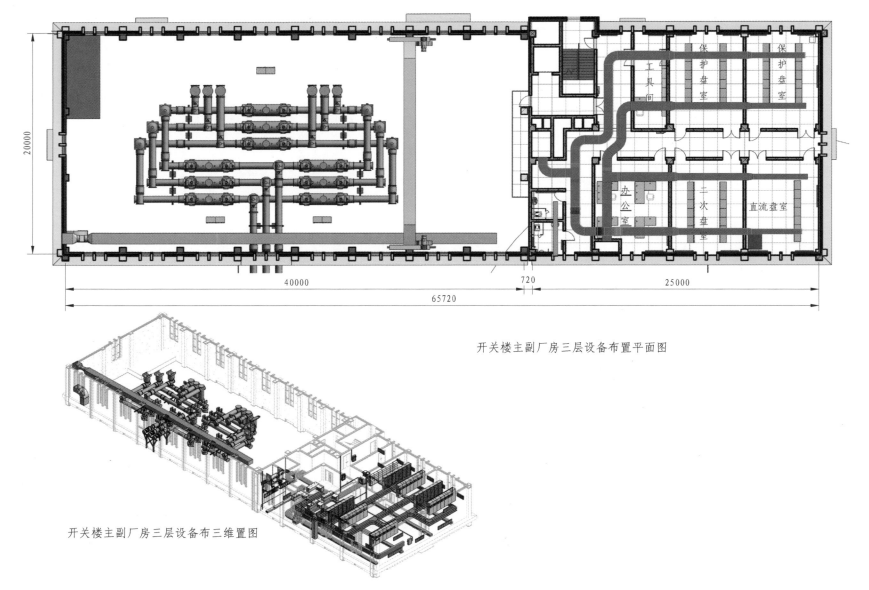

开关楼主副厂房三层设备布置平面图

开关楼主副厂房三层设备布三维置图

图 12-13　开关楼主副厂房三层设备布置图

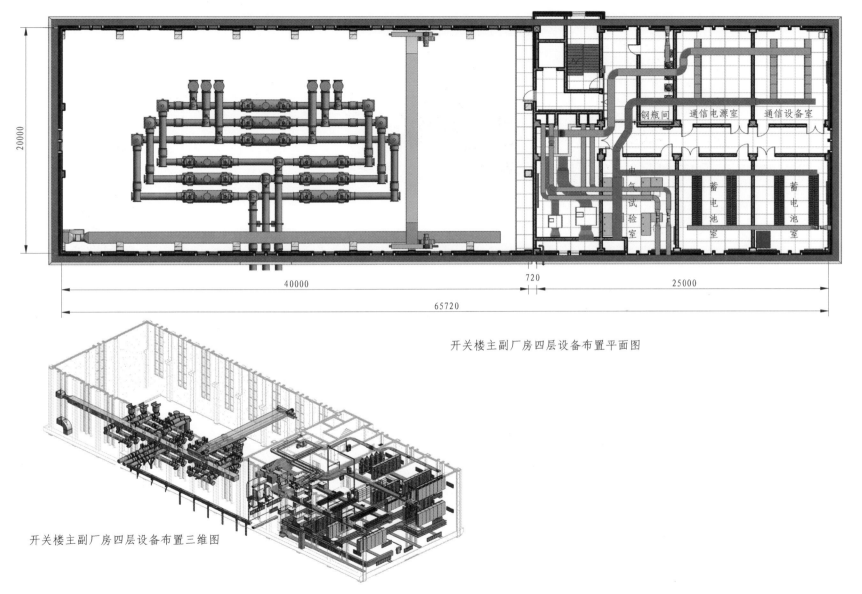

开关楼主副厂房四层设备布置平面图

开关楼主副厂房四层设备布置三维图

图 12-14　开关楼主副厂房四层设备布置图

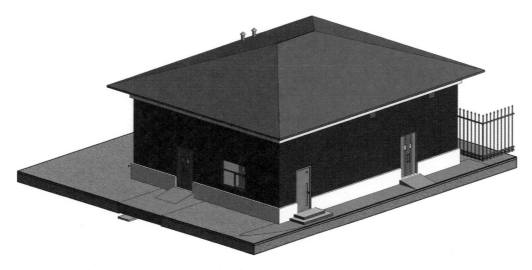

柴油发电机房建筑外观三维图

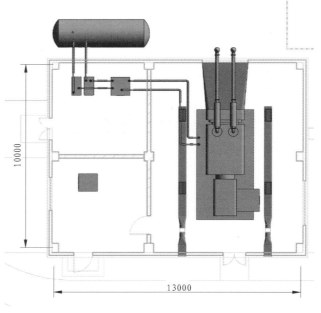

柴油发电机房布置平面图

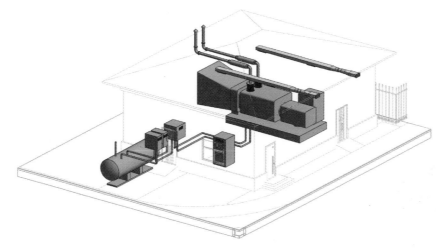

柴油发电机房三维透视图

图 12-15　柴油发电机房布置图

第4篇 方案三

第13章 设计说明

13.1 概述

通用设计方案三对应四台机组、两回 500kV 出线、四角形接线，开关楼主副厂房整体式、开关楼与出线场为前后式布置、高压电缆三相垂直布置。建筑物屋顶采用平顶，短边进场，适用于南方气候的抽水蓄能电站。

13.1.1 通用设计的使用场合

电站地下厂房装设四台可逆式水泵水轮机和发电电动机组，每两台机组和两台主变压器组成一套联合单元，通过两回高压电缆与地面户内 GIS 相连；电站 500kV 侧出线两回，高压侧为四角形接线。开关楼主厂房和副厂房为整体布置方式，开关楼与出线场为前后布置方式。高压引出线系统为竖井，开关楼副厂房位于出线竖井顶部，副厂房与出线竖井共用一部电梯，沿副厂房楼梯往下即到达出线竖井楼梯。

13.1.2 设计方案的说明

通用设计方案三的工程特性见表 13-1。主要设备参数及尺寸参考国内知名厂家产品设计。

表 13-1　　　　　开关站通用设计方案三工程特性表

项目名称	工程特性
站址基本条件	海拔高度小于 1000m，地震动峰加速度 0.1g，污秽等级 d 级，南方气候
电气主接线	四台机，发电机电压侧两套联合单元，500kV 侧两进两出四角形接线
厂用电系统	从地下厂房引两回 10kV 电源，0.4kV 单母线分段接线
保护系统	500kV 线路保护、高压电缆保护均双重设置
通信系统	采用 OPGW 光纤通信方式
总平面用地尺寸	62m×100m
开关楼尺寸	20m×71m
出线场尺寸	23m×76m
柴油机房尺寸	14m×11m
门卫室尺寸	7m×7m

13.2 电气一次部分

13.2.1 电气主接线

发电机电压侧采用联合单元接线；500kV侧两回进线两回出线，采用四角形接线。电气主接线图详见附图。

13.2.2 厂用电系统

开关站配电系统从厂内10kV的两段母线分别引接一回电源，配电变压器共两台，互为备用，0.4kV母线采用单母线分段接线。动力和正常照明采用混合供电方式，另设置1套不间断电源装置，在紧急情况下为应急照明负荷供电。

如果开关站选址与其他建筑物较近，可采用0.4kV电压等级就近引接可靠性高的两回开关站配电系统电源并互为备用，0.4kV母线采用单母线分段接线。开关站可不设置10kV系统和配电变压器，相关的设备间可用作其他功能或相应减小副厂房面积。

13.2.3 过电压保护及接地

在500kV出线侧装设避雷器。避雷器的装设组数及配置地点，取决于雷电侵入波在各个电气设备上产生的过电压水平，具体工程中需采用雷电侵入波保护程序进行分析计算后确定。避雷器选用20kA标称放电电流的氧化锌避雷器。

500kV耐张绝缘子串片数选择34片，悬垂绝缘子串片数选择33片。具体工程中耐张绝缘子串和悬式绝缘子串的片数应根据不同的污秽等级及单片绝缘子的爬电距离计算选取。

开关站出线场、开关楼采用500kV出线门型架上设置与高压出线同时引出的避雷线或避雷针进行直击雷保护，其他建筑物采用在屋顶设置避雷带的方式进行直击雷保护。

开关站的接地装置设计与站址区域土壤电阻率、入地短路电流值有很大关系，通用设计因难以确定其通用条件，故对接地装置的设计不作推荐，具体工程可根据实际条件设计。

开关站（包括各建筑物和设备）的接地网与电站总接地网连成一体。由于整个开关站占地较小，且GIS装置接地要求高，建议条件允许可优先选用铜材。

另根据《水力发电厂气体绝缘金属封闭开关设备配电装置设计规范》（DL/T 5139—2001）要求，GIS配电装置应设环形接地母线，将GIS的接地线均引至接地母线。接地母线再与接地网多点连接。接地母线材质采用铜材，并满足动热稳定的要求。

依据《国家电网公司发电厂重大反事故措施（试行）》中关于加强继电保护二次回路的抗干扰性能，确保电站安全可靠运行的要求，在开关站继电保护盘室、通信设备室、二次盘室等电气设备房间以及主要电缆沟道等处，按屏柜布置方向及电缆走向，使用截面不小于100mm²的裸铜排（缆）敷设与主接地网紧密连接的等电位环形接地网，控制保护屏柜均采用截面不小于50mm²的铜缆与相应的等电位环形接地网相连。

13.2.4 主要电气设备及技术参数

13.2.4.1 高压电缆

具体内容详见表13-2。

表13-2 高压电缆技术参数表

技术参数	指标
型式	单相、铜芯、XLPE电力电缆
额定电压（U_0/U）	290/500kV
最高工作电压（U_m）	550kV
电缆截面	800mm² 或 1000mm²
额定短时耐受电流及持续时间	63kA，2s
额定峰值耐受电流	160kA
绝缘水平	
操作冲击耐受电压	1240kV（峰值）
雷电冲击耐受电压	1675kV（峰值）
外护套绝缘水平	
额定1min工频耐压	25kV（有效值）
雷电冲击耐受电压	72.5kV（峰值）

13.2.4.2 高压电缆终端

具体内容详见表13-3。

表13-3 高压电缆终端技术参数表

技术参数	指标
型式	户内、单相、全干式、与GIS设备相连
额定电压	550kV
额定电流	1000A
额定短时耐受电流及持续时间	63kA，2s
额定峰值耐受电流	160kA
绝缘水平	
操作冲击耐受电压	1240kV（峰值）
雷电冲击耐受电压	1675kV（峰值）

13.2.4.3 GIS设备

具体内容详见表13-4。

表13-4 GIS设备技术参数表

技术参数	指标
额定电压	550kV
额定电流	2500A
额定短时耐受电流及持续时间	63kA，2s
额定峰值耐受电流	160kA
绝缘水平	
额定1min工频耐压	740kV（有效值）
操作冲击耐受电压	1300kV（峰值）
雷电冲击耐受电压	1675kV（峰值）

13.2.4.4 SF$_6$/空气出线套管

具体内容详见表13-5。

表13-5 SF$_6$/空气出线套管技术参数表

技术参数	指标
型式	户外、单相、复合绝缘出线套管
额定电压	550kV
额定电流	2500A
额定短时耐受电流及持续时间	63kA，2s
额定峰值耐受电流	160kA
绝缘水平	
额定1min工频耐压	740kV（有效值）
操作冲击耐受电压	1300kV（峰值）
雷电冲击耐受电压	1675kV（峰值）

13.2.4.5 电容式电压互感器

具体内容详见表13-6。

表13-6 电容式电压互感器技术参数表

技术参数	指标
型式	户外、电容式
系统标称电压	500kV
设备最高电压	550kV
绝缘水平	
额定1min工频耐压	
一次侧	740kV（有效值）
二次侧	3kV（有效值）
操作冲击耐受电压	1300kV（峰值）
雷电冲击耐受电压	1675kV（峰值）

13.2.4.6　氧化锌避雷器

具体内容详见表 13-7。

具体内容详见表 13-7。

表 13-7　　　　　　　　　　　氧化锌避雷器技术参数表

技术参数	指标
型式	户外、线路型、复合外套、立式、氧化锌、无间隙
系统标称电压	500kV
设备最高电压	550kV
标称放电电流	20kA
额定电压	444kA
持续运行电压	324kA

13.2.4.7　柴油发电机组

具体内容详见表 13-8。

表 13-8　　　　　　　　　　柴油发电机组技术参数表

技术参数	指标
型式	三相、户内开放型
额定电压	10kV
额定容量	1600kW
功率因数	0.8

注　1600kW 为通用设计中柴油发电机拟定容量，仅作为示例。

13.3　电气二次部分

电气二次部分设计包括计算机监控、500kV 继电保护、控制电源、火灾自动报警、视频监控及电子安防、通信等系统设计及屏柜的布置设计。

13.3.1　计算机监控系统

电站计算机监控系统采用开放式环境下的分层分布式体系结构，即采用功能及监控对象分布式方式，计算机监控系统的各种设备以节点的形式通过网络组件形成局域网，实现数据信息共享。根据监控对象的不同，设置相应的现地控制单元（LCU）。

开关站设置 500kV 现地控制单元（LCU），本单元监控范围包括 500kV 开关设备、500kV 电缆、500kV 系统继电保护装置、调度通信系统设备、开关站 220V 直流电源系统设备、不间断电源系统设备、开关站厂用电配电装置以及开关站内其他公用系统设备等。

13.3.2　500kV 继电保护系统

500kV 继电保护系统采用微机型保护装置，满足可靠性、选择性、灵敏性和速动性的要求；保护装置应技术先进、经济合理且有成熟的运行经验。

500kV 系统保护均采用两套完全冗余的保护系统，保护设备分别组屏，每套保护中的主保护应尽可能采用不同原理实现。

500kV 继电保护系统主要包括 4 套线路主保护和后备保护装置、4 套断路器保护及 8 套短引线保护装置、4 套 500kV 电缆保护装置、1 套失步解列装置、1 套行波故障测距装置、1 套功角测量装置、1 套 500kV 电能计费系统、1 套 500kV 故障录波装置和 1 套保护与故障信息管理系统等。以上保护装置均通过硬接线实现信息上送电站计算机监控系统。同时，通过通信连接到保护与故障信息管理系统，然后通过调度数据网实现与调度的通信。

13.3.3　控制电源系统

（1）直流电源系统。开关站设置 1 套 220V 高频开关直流电源系统，主要包含 3 套充电装置、2 组蓄电池、微机型监控模块、微机绝缘装置、微机电池巡检仪等。每套充电装置采用双路交流电源供电，每组蓄电池容量约为 400Ah。直流电源系统负责开关站现地控制单元（LCU）设备、开关站应急照明设备、配电及不间断电源装置等供电。开关站设置直流分屏用于 500kV 线路保护装置、断路器保护（包括 500kV 短引线保护）装置、500kV 计量系统、500kV 电缆保护装置、500kV 故障录波装置、500kV 行波测距装置、开关站卫星同步时钟测量装置、500kV 功角测量装置、500kV PT 转接屏、500kV 电缆接地监视屏及高压电缆温度监测屏（DTS）、开关站 10kV 开关柜及 0.4kV 开关柜等设备供电。

（2）交流电源系统。开关站设置 1 套 10kVA 不间断电源装置，主要供电气屏柜、通信系统交换机等设备使用，每套配置 2 台不间断电源装置。

13.3.4　火灾自动报警系统

火灾自动报警系统采用总线制加少量硬布线控制方式，以自动报警控制为主，手动报警控制为辅的设计原则。电站采用控制中心报警系统，选用自动化程度高、技术先进、性能稳定、抗干扰能力强和运行维护方便的智能型火灾自动报警设备。

电站消防控制中心设在地面中控楼中控室内，开关站设置火灾自动报警区域控制屏，对规范中要求直接控制的重要消防设备联动控制。

13.3.5　视频监控及电子安防系统

视频监控系统采用全数字式，配合计算机监控系统进一步完善"无人值班"（少人值守），使得电站运行人员在中控室就可看到各监视点现场的情况，对监视点进行正常的监视检查，在发生故障时可通过切换摄像头迅速查看，并作出判断。

中控室设置视频监控系统主控设备对视频监控系统进行集中监控，开关站设置视频监控区域控制盘，对开关站内主要电气设备运行状态、重要部位的安全及火灾进行监视。摄像机主要布置在电气设备房间内，如 GIS室、变压器室、二次盘室、继电保护盘室、直流盘室、蓄电池室、通信设备盘室以及出入大门等，摄像头数量可结合实际电气房间数量及规模进行确定，以形成视频监控网络。

开关站设置 1 套周界报警控制系统，周界上布置 1 套入侵探测器，并将周界报警信号上传至中控室。现场报警控制设备和传输设备应采取防拆、防破坏措施。

13.3.6　通信系统

电站设置一套具有先进水平、功能完善的通信系统。利用该通信系统，对电站进行现代化管理，实现电站"无人值班"（少人值守），并确保电站安全运行。系统通信设备主要布置在开关站通信设备盘室，如光传输设备、PCM 设备及综合配线设备等。厂内通信设备主要布置在中控楼通信设备盘室，如音频交换设备、调度台及总配线设备等。厂内通信设备布置位置结合电站通信系统设计方案及电站枢纽建筑物布置格局也可布置在开关站通信设备盘室。

电站以两回 500kV 线路接入电力系统，作为电站与系统调度端之间的电话和数据信息传输通道，系统通信采用 OPGW 光纤通信方式，通过500kV 线路上的两回 OPGW 光缆电路实现电站与调度端的通信。

开关站通信设备采用直流不停电方式供电，采用双重化配置，设置两台智能型高频开关电源设备和两组 48V 阀控式密封铅酸蓄电池，每组蓄电池容量约为 200Ah。

13.3.7　GIS 室环境在线监测系统

GIS 室内配置 SF_6 气体在线监测系统，当 GIS 室内环境中 SF_6 气体含量超标或缺氧时进行报警，同时联动开启 GIS 室内通风机进行通风，并传送报警信号至计算机监控系统。GIS 室外入口处布置 GIS 室内通风机控制箱及 SF_6 气体在线监测报警装置。

13.4　开关站设备布置

开关站内布置有开关楼主、副厂房、出线场、柴油发电机房和门卫室。

主厂房首层布置 4 组 GIS 断路器间隔及控制盘等设备，地下设电缆层，便于电缆竖井中 500kV 高压电缆的引出以及与 GIS 设备的连接。

副厂房地上四层，地下一层。首层布置高、低压开关柜室、变压器室；二层布置电缆桥架；三层布置二次盘室、保护盘室、直流盘室及通信值班室等；四层布置通信电源室、通信设备室、蓄电池室及钢瓶间等；地下一层布置通风机房、消防水池及泵房。

户外出线场布置 2 组 500kV SF_6/空气套管，2 组电容式电压互感器，2 组避雷器和 2 组出线门型架。

为了在出线场设备的安全性评价工作中便于定期对盐密和灰密进行测量，出线门型架横梁两侧各安装一串（20 片）与带电悬垂绝缘子同型的零挂绝缘子。

以 1600kW 柴油发电机示例：柴油发电机房布置柴油发电机组、控制盘、日用油箱（1m³）、油泵和地下油罐（3m³）；日用油箱和地下油罐储存的油量可满足柴油发电电机 8h 运行。具体工程中可根据选定的柴油发电机容量及要求的运行时间，确定地下油罐的容积。

门卫室布置了值班室和门卫值班人员休息生活的房间，包括厨房和卫生间，考虑夫妻岗。

13.5 土建部分

13.5.1 建筑专业设计说明

13.5.1.1 总平面设计

拟建开关站工程用地为长 100m、宽 62m 的矩形用地，场地按平地设计，用地面积 6200m²。

拟建用地内建筑包括开关楼主副厂房、柴油发电机房、门卫室和出线场；场地设置一个主要出入口以及一条交通环路，场地内交通便利。

厂区入口布置门卫室和大门，进入厂区后首先看到的是开关楼的主、副厂房，开关楼的后面为出线场。柴油发电机房布置在门卫室后面的场地转角处。门卫室和柴油发电机房之间设置室外停车场。

围墙设计为高度 2.5m 的实体围墙，采用高度为 1.8m 的电动推拉伸缩大门，大门内侧设防止汽车冲撞的装置。

13.5.1.2 建筑设计

拟建开关楼包括主厂房和副厂房，为整体布置方式，开关楼与出线场为前后布置方式。主厂房地下一层、地上一层，地上一层设置一台 10t 桥式起重机。副厂房地下一层，地上四层，局部有楼梯间出屋顶。副厂房地下一层布置：通风机房、消防水池、泵房、楼电梯间；首层布置：公用变室、低压开关室、高压开关室、办公室、会议室、楼电梯间、卫生间；二层布置：电缆夹层、楼梯间；三层布置：直流盘室、二次盘室、继电保护

盘室、通信值班室、卫生间、楼电梯间等；四层布置：蓄电池室、通风机房、气体灭火钢瓶室、通信电源室、通信设备室、电气试验室、楼电梯间、工具间等。其中电梯和楼梯间部分与电站的出线竖井在垂直方向正对，乘坐电梯可从开关楼副厂房直达地下厂房的下出线平洞，从楼梯也可由出线竖井到达开关楼副厂房从而到达地面。

主厂房地下一层层高 5m，地上一层层高 16m；副厂房地下一层层高 5m，一层层高 4.4m，二层层高 2.8m，三层、四层层高均为 4.4m。

地下一层底板、外墙均外包防水卷材，外墙防水卷材高出地面 0.5m，外装修时将其覆盖，防水等级为一级。在地下水位较高或地下水丰富的地区，为防止外包防水层施工质量达不到要求或破坏，可根据地区实际情况，在地下一层室内设排水沟、集水坑和排水泵以排除地下水渗水。

13.5.1.3 建筑外观设计

建筑风格力求建筑外观大气简洁，体现工业建筑特点，并通过现代主义手法演绎，流淌出活跃的气息。

外观设计上强调建筑的虚实变化，通过对玻璃和实体体块的对比处理，并运用形体的穿插以及活跃元素的介入来整合原本单调的开窗立面。

建筑外装修以外墙涂料为主，以大面积的深、浅雅灰色作为主基色，设计提供冷色系和暖色系两个色调的方案供选择。

在开关楼主副厂房内人能够得着的地方，选用平开塑钢窗或铝合金窗，开启扇应加防虫网（纱扇）；在人够不着的地方，选用固定塑钢窗或铝合金窗，玻璃选用双层中空玻璃。

疏散外门选用平开钢质防盗门；厂房运输大门采用平开彩钢大门或钢质卷帘门；普通室内房间门选用木门；电气设备房间门选用防火门；防火分区隔墙上的门选用甲级钢质防火门。

13.5.1.4 室外景观设计

为了减少生产工作人员因长时间处在特定环境内产生的疲劳感，通过景观设计创造出宜人舒心的室外环境，使人们能够产生轻松的体验和心情。

根据用地内的功能分区，景观设计分为两个分区设计。

景观设计把靠近场地入口部分的区域作为重点进行处理，通过利用开关楼外墙和另外两处围合的装饰墙，营造出一个室外闭合空间，以竹林为主题，造就一个使人"舒心"的区域。竹林会对视线产生若隐若现的阻隔，配以旁边的白卵石和青石板铺地（也可采用砌立砖），青翠的颜色会显得更加纯净，室外空间让人感觉宁静和亲切。装饰墙的作用是制造出独立性，阻挡与周边工业建筑的联系，以形成另外一个静谧的休闲场所，加上建筑周边设置的竹林带，小空间油然而生。装饰墙上还可以开出有趣的图案，为厂区创造一丝文化气息。

被装饰墙分隔出的其他区域主要服务于生产的需求，根据工艺的要求布置硬地，空余用地尽量用于绿化。

所有入口都配以铺地，方便停车，建筑的主要入口还结合建筑形态砌筑出花台。

13.5.1.5 建筑消防设计

本工程主要生产类别以丁类为主，柴油发电机房及其储油间为丙类、其耐火等级为一级，其余耐火等级为二级。

建筑防火间距大于10m，厂区设置消防环路。

地下一层设置两个防火分区，每个分区不大于1000m²。每个防火分区用防火墙和甲级防火门分隔。地上按一个防火分区考虑。

主厂房首层设三个直通室外的安全出口，副厂房首层设置两个安全出口，二至四层设置一部室内疏散楼梯和一部室外疏散楼梯。

主厂房和副厂房地下一层各设一部疏散楼梯通至首层对外安全出口，另外一个疏散出口为主副厂房相邻防火墙上设的甲级防火门。

电缆层消防设计应满足消防规范和当地消防部门的要求，设置合适的防火设施。

13.5.1.6 技术经济指标

（1）用地面积：6200m²。

（2）建筑基底面积：1420m²。
　　主厂房：920m²。
　　副厂房：500m²。
　　柴油发电机房：143m²。
　　门卫室：49m²。

（3）建筑面积：4532m²。
　　主厂房：1840m²。
　　副厂房：2500m²。
　　柴油发电机房：143m²。
　　门卫室：49m²。

（4）建筑层数：地上一至四层，地下一层。

（5）建筑高度：17m。

（6）防火等级：柴油发电机房及其储油间为一级，其余为二级。

（7）屋面防水等级：一级。

（8）地下室防水等级：一级，地下室底板和外墙均外包卷材防水。

13.5.1.7 建筑装修

具体内容详见表13-9至表13-11。

表13-9

室 内 装 修 表

建筑名称	房间名称	楼、地面	踢脚、墙裙	内墙	顶棚
主厂房	地下一层	水泥砂浆地面	水泥踢脚	耐擦洗内墙涂料墙面	耐擦洗内墙涂料顶棚
	一层	自流平楼面或地砖楼面	水泥油漆踢脚或地砖踢脚	耐擦洗内墙涂料墙面	耐擦洗内墙涂料顶棚
	楼梯间	地砖楼地面	地砖踢脚	耐擦洗内墙涂料墙面	耐擦洗内墙涂料顶棚

建筑名称	房间名称	楼、地面	踢脚、墙裙	内墙	顶棚
副厂房	电梯厅、门厅、走廊	地砖楼地面	地砖踢脚	耐擦洗内墙涂料墙面	耐擦洗内墙涂料顶棚
	公用变室	地砖地面	地砖踢脚	耐擦洗内墙涂料墙面	耐擦洗内墙涂料顶棚
	消防水泵房	防滑地砖地面	地砖踢脚	耐擦洗内墙涂料墙面	耐擦洗内墙涂料顶棚
	高、低压开关室	地砖楼面	地砖踢脚	耐擦洗内墙涂料墙面	耐擦洗内墙涂料顶棚
	直流盘室、二次盘室、保护盘室	地砖楼面	地砖踢脚	耐擦洗内墙涂料墙面	耐擦洗内墙涂料顶棚
	通信设备室	地砖楼面	地砖踢脚	耐擦洗内墙涂料墙面	耐擦洗内墙涂料顶棚
	气体灭火钢瓶室	地砖楼面	地砖踢脚	耐擦洗内墙涂料墙面	耐擦洗内墙涂料顶棚
	办公室、会议室、值班室	地砖楼面	地砖踢脚	耐擦洗内墙涂料墙面	防潮石膏板吊顶
	电缆夹层	细石混凝土楼面	水泥踢脚	耐擦洗内墙涂料墙面	耐擦洗内墙涂料顶棚
	强电间、弱电间、竖井、管道井	混凝土楼地面		1∶2.5水泥砂浆，刷白	白水泥浆
	通风机房、空调机房	混凝土楼地面	水泥踢脚	矿棉吸声板内墙面	矿棉吸声板顶棚
	库房、工具间	地砖楼地面	地砖踢脚	耐擦洗内墙涂料墙面	耐擦洗内墙涂料顶棚
	卫生间	防滑地砖防水楼地面		瓷砖内墙面（防水层到顶）	铝扣板吊顶
	楼梯间	地砖楼地面	地砖踢脚	耐擦洗内墙涂料墙面	耐擦洗内墙涂料顶棚
柴油发电机房	控制盘室	地砖地面	地砖踢脚	耐擦洗内墙涂料墙面	耐擦洗内墙涂料顶棚
	机房、储油间	不发火混凝土地面	水泥踢脚	耐擦洗内墙涂料墙面	耐擦洗内墙涂料顶棚
门卫室	门卫、值班、住宿	地砖地面	地砖踢脚	耐擦洗内墙涂料墙面	耐擦洗内墙涂料顶棚
	卫生间	防滑地砖防水地面		瓷砖（防水层到顶）	铝扣板吊顶
	厨房	防滑地砖防水地面		瓷砖内墙面	铝扣板吊顶

表 13-10 　　　　　室外工程做法表

项目	名称	备注
散水	混凝土散水	
台阶	室外地砖台阶	
坡道	混凝土坡道	
道路	混凝土道路	
铺地	室外地砖或混凝土铺地	

表 13-11 　　　　　室外装修做法表

项目	名称	备注
屋面	卷材防水＋架空隔热细石混凝土板	
外墙面	外墙涂料外墙面	
地下防水	柔性卷材防水	

13.5.2 结构专业设计说明

13.5.2.1 工程概况

本建筑组团包括开关楼、门卫室、柴油发电机房、出线场、围墙等部分。开关楼又分为主厂房和副厂房两部分；主厂房部分地下一层、地上一层，地上布置一台 10t 的桥式起重机。副厂房部分地下一层，地上四层，局部有楼梯间出屋顶。主体结构采用现浇钢筋混凝土框架结构，筏板基础。柴油发电机房为单层建筑物，采用现浇钢筋混凝土框架结构，独立柱基。门卫室为单层建筑，采用现浇钢筋混凝土框架结构，独立柱基，也可采用砌体结构，条形基础。出线构架支架可采用钢管或钢管混凝土、横梁采用钢桁架结构。如地形条件只满足设置一座第一基塔或第一基塔的基础与出线场地面高程相差较大，应充分考虑门型架的受力设计及按实际情况和相关规范修正门型架布置设计。

13.5.2.2 结构设计基本资料

（1）主体结构设计使用年限：50 年。

（2）建筑结构安全等级：根据电站等级确定其安全等级，为一级或二级。

（3）建筑抗震设防类别：主、副厂房、柴油发电机房为重点设防类（乙类）；值班室为标准设防类（丙类）。

（4）地面粗糙度为 B 类或 A 类。

（5）风荷载、雪荷载按工程所在地的位置结合规范确定。

（6）建筑物抗震等级：主厂房地下为二级、地上为一级；副厂房地下为三级、地上为二级；柴油发电机房、值班室为三级。

（7）建筑物地基基础设计等级为丙级或乙级。

13.5.2.3 活荷载标准值

具体内容详见表 13-12。

表 13-12　　　　　　　活荷载标准值表

房间名称	活荷载标准值/(kN/m²)
办公室、值班室	3.0
会议室	4.0
卫生间	2.5
走廊、楼梯	3.5
阳台	2.5
上人屋面	2.0
不上人屋面	0.5
高低压开关柜室	4.0
通风机房	7.0
蓄电池室	6.0
通信电源室、通信设备室	6.0
GIS 室	20.0

GIS 室应根据具体工程不同厂家产品综合考虑断路器操作时垂直荷载、水平荷载以及运输车是否进入 GIS 层确定。

GIS 室内布置 10t 桥式起重机一台。

13.5.2.4 材料

混凝土：基础垫层采用 C15 混凝土，主体结构采用 C30 混凝土，地下室混凝土抗渗等级为 P6。

钢筋：HPB300 级和 HRB400 级。

吊钩、吊环采用 HPB300 钢，不得采用冷加工钢筋。

钢材：Q235 和 Q345。

砌体：承重砌体采用 Mu15 蒸压灰砂砖、黏土空心砖（非限黏地区）或 Mu10 黏土砖（非限黏地区），±0.000 以下不得采用空心砖或空心砌块。±0.000 以下采用 M5 水泥砂浆，±0.000 以上 M5 混合砂浆。本条适用于警卫室和围墙。

框架结构填充墙砌体：A3.5 蒸压加气混凝土砌块，Mb5 混合砂浆，砌块容重≤8kN/m³。

排水沟可采用 Mu30 毛石和 M5 水泥砂浆砌筑。也可采用现浇钢筋混凝土结构，采用混凝土结构时，用 C20 混凝土。

手工焊时 HPB300 级钢筋、Q235 钢材采用 E43×× 型焊条；HRB400 级钢筋、Q345 钢材采用 E50×× 型焊条，钢筋与钢材焊接随钢筋定焊条型号。

13.5.3 供暖通风、消防及给排水专业设计说明

13.5.3.1 供暖通风设计

供暖通风设计包括通风系统、VRV 空调系统、防排烟及事故（后）通风等系统设计、设备布置。

（1）开关楼通风系统设计。开关楼主厂房为地下一层、地上一层；副厂房为地下一层、地上四层。其中地下一层房间通风方式采用机械送、排风，主厂房地上一层通风方式采用自然送风、机械排风。考虑到主厂房有事故通风要求，排风量按事故通风量校核，设计采用平时排风及事故时排风 2 套通风系统，平时通风按不小于 2 次/h 换气设计，事故时按不小于 4 次/h 换气设计，排风管道设置在地面上母线管道附近，能有效排除泄漏的 SF_6 有害气体。

蓄电池室、钢瓶间均设独立的排风系统，排风机采用防爆风机，排风直接排至室外。蓄电池室通风设测氢监测装置控制。

（2）出线竖井通风系统设计。为保证出线洞内敷设的电缆运行环境温度不致过高，设计在出线平洞及出线竖井的每一个电缆分隔段内设置通风，通风系统的设计为机械送、排风，串、并联布置，其中送风引自地下厂房。出线竖井排风机设置在地面 GIS 开关楼副厂房四层的通风机房。

出线竖井内楼梯间及合用前室，分别设置有正压送风系统。因设计出线竖井深度超过 200m，楼梯间及合用前室的正压送风竖井均为 2 组，分上、下两个区域。4 台正压送风机设置在地面开关楼副厂房四层的通风机房。

（3）柴油发电机房通风系统设计。柴油发电机房设有事故通风系统，通风方式采用自然送风、机械排风。

（4）开关楼副厂房空调系统设计。开关楼副厂房设有 VRV 空调系统，各空调房间的室内机均选用吊顶内暗装机型，室外机安装在副厂房顶层上。

13.5.3.2 消防及给排水系统设计

消防及给排水系统设计范围包括开关楼主副厂房的消火栓系统及副厂房、门卫室生活给排水系统。

（1）消防系统设计及设备布置。

1）消防供水系统。在开关楼设置了室内、室外消火栓系统。按一个着火点最大消防用水量设计，根据《水电工程设计防火规范》(GB 50872—2014) 相关规定，地面开关楼设室内及室外消火栓，其中室内消火栓水量为 10L/s，室外消火栓水量按 20L/s，火灾延续时间按 2h 设计，消防用水量为 216m³。副厂房地下一层设有效容积为 250m³ 的消防水池和消防水泵房，在消防水泵房内布置 2 台消防水泵，一备一用，流量 108m³/h，扬程 60m，功率 30kW；消防系统稳压设备设在消防水泵房内，有效容积为 12m³ 的高位消防水箱设置在顶层水箱间内。

从开关楼副厂房地下消防水泵后引两根 DN100 的消防供水管路，供给开关站室内、室外消火栓。开关楼主厂房地下一层、首层各设 6 套室内消火栓；副厂房部分地下一层到地上四层，每层分别设 2 套消火栓，在顶层楼梯间高处设 1 套试验消火栓。室内消火栓箱均设手动消防水泵启泵按钮。

地面出线场位于开关楼的后面，设室外消火栓 2 套。

柴油机房建筑面积较小，只布置室外消火栓，由于和开关楼相邻，因此与开关楼共用室外消火栓。

2）消防器材。本开关站火灾类型含 A、B、C、E 4 类，火灾危险性含中危险级和轻危险级，为方便采购和管理，所有手提式灭火器的配置基准按照 2A 或 55B。在不同的场所，根据不同需要配置磷酸铵盐干粉灭火器、泡沫灭火器、二氧化碳灭火器等。

消火栓箱采用国标图集 04S202 中戊型消火栓箱，栓口距地面 1.1m。消火栓箱内设 SN65 消火栓，配备 φ19mm 口径水枪及 DN65、25m 长衬胶水龙带以及消防卷盘。

3）设备消防。500kV GIS、开关楼变压器、高压开关柜、低压开关

柜等均选用无油设备。开关楼主厂房地下一层电缆室及副厂房电缆层，电缆消防设计应满足消防规范和当地消防部门的要求，设置合适的防火设施。

（2）给排水系统设计及设备布置。

1）生活给水系统。地面开关站生活给水水源为副厂房地下一层消防水池，生活给水主要用于副厂房、门卫室卫生间用水。生活用水在消防水泵房经过滤、消毒等水处理设备处理，达到饮用水卫生标准后由生活水供水设备供至各用水点。

2）生活排水系统。地面开关站室外地下设有化粪池及污水处理系统，副厂房、门卫室排出的污水进入化粪池，由排水管引入室外的污水处理系统（包括调节池、缺氧池、MBR池、清水池等），经综合生物污水处理设备处理达到排放标准后就近排放。

第 14 章　主 要 设 备 清 册

14.1　电气一次主要设备清册

具体内容详见表 14-1。

14.2　电气二次主要设备清册

具体内容详见表 14-2。

表 14-1

电气一次主要设备清册表

序号	项目名称	技术参数	单位	数量	布置地点	备注
1	500kV 电力电缆		—	—	—	
1.1	超高压电力电缆	290/500kV，XLPE 1×800mm² （或 1000mm²），63kA/2s	m	—		
1.2	全干式电缆终端	290/500kV，$I_n \geq 1000A$，63kA/2s	只	6		不含地下 6 只
2	500kV GIS		套	1	—	
2.1	高压断路器	GIS-550kV，$I_n = 2500A$，63kA，63kA/2s，160kA	组	4		
2.2	SF₆/空气套管	GIS-550kV，$I_n = 2500A$，63kA/2s	只	6		
3	500kV 出线场设备		套	1		
3.1	电容式电压互感器	550kV，$\dfrac{500}{\sqrt{3}}\big/\dfrac{0.1}{\sqrt{3}}$kV	台	6		
3.2	避雷器	ZnO，$U_n = 444kV$，20kA	台	6		
3.3	500kV 设备连接导线	2xLGJQT-1400	m	300	—	
3.4	500kV 线夹	2xLGJQT-1400 配套线夹	个	42	—	
4	开关站配电系统		—	—		
4.1	柴油发电机组	1600kW，10kV，$\cos\varphi = 0.8$	套	1	柴油机房	
4.2	开关楼变压器	三相干式，带外壳，无激磁调压，10/0.4kV	台	2	副厂房地下一层	
4.3	高压开关柜	中置式真空开关柜，12kV	面	4	副厂房首层	
4.4	低压开关柜	抽屉式开关柜，0.4kV	面	7	副厂房首层	其中逆变装置1套，应急照明盘1面

表 14-2

电气二次主要设备清册表

序号	项目名称	技术参数	单位	数量	布置地点	备注
1	计算机监控系统	—	—	—	副厂房三层	
1.1	开关站 LCU 柜	PLC	面	3	—	
2	500kV 继电保护系统	—	—	—	副厂房三层	
2.1	500kV 线路保护柜	数字式	面	4	—	含后备保护
2.2	500kV 电缆保护柜	数字式	面	8	—	
2.3	500kV 断路器保护柜	数字式	面	4	—	含 8 套短引线保护
2.4	故障录波装置柜	—	面	2	—	
2.5	电能计量柜	—	面	1	—	
2.6	保护与故障信息管理系统	—	套	1	—	
2.7	功角测量柜	—	面	1	—	
2.8	行波测距柜	—	面	1	—	如有
2.9	失步解列柜	—	面	1	—	
2.10	卫星同步时钟测量柜	—	面	1	—	
3	控制电源系统	—	—	—	副厂房三、四层	
3.1	直流电源系统	—	—	—	—	
3.1.1	蓄电池组	400Ah	组	2	—	DC 220V
3.1.2	充电装置柜	—	面	3	—	
3.1.3	馈线柜	—	面	2	—	
3.1.4	联络柜	—	面	1	—	
3.2	不间断电源系统	—	—	—	—	
3.2.1	不间断电源	10kVA	面	2	—	AC 220V
4	火灾自动报警系统	—	—	—	副厂房三层	
4.1	开关站区域控制盘	—	面	1	—	
5	视频监控及电子安防系统	—	—	—	副厂房三层	
5.1	开关站区域控制盘	—	面	1	—	
5.2	入侵探测器	—	套	1	—	
6	通信系统	—	—	—	副厂房四层	
6.1	综合配线柜	—	面	1	—	
6.2	光传输设备柜	—	面	2	—	
6.3	PCM 柜	—	面	2	—	
6.4	通信电源柜	—	面	2	—	
6.5	通信蓄电池柜	200Ah	面	2	—	DC 48V

14.3 供暖通风、消防及给排水主要设备清册

具体内容详见表14－3。

表 14－3   供暖通风、消防及给排水主要设备清册表

序号	项目名称	技术参数	单位	数量	布置地点	备注
1	通风					
1.1	开关楼主、副厂房送风机	HTFC－Ⅰ－28 风量：28590m³/h 风压：292Pa 功率：7.5kW 转速：450r/min	台	1	副厂房地下一层通风机房	
1.2	开关楼主、副厂房排风机	HTFC－Ⅰ－28 风量：28590m³/h 风压：292Pa 功率：7.5kW 转速：450r/min	台	1	副厂房四层通风机房	
1.3	开关楼事故排风	HTFC－Ⅲ－No33 风量：39314m³/h 风压：435Pa 功率：11kW 转速：400r/min	台	1	开关楼主厂房	
1.4	开关楼平时排风	CDZ－No10 风量：29999m³/h 风压：208Pa 功率：3kW 转速：720r/min	台	1	开关楼主厂房	
1.5	出线竖井排风机	DTF－Ⅰ－7－1 风量：19450m³/h 风压：721Pa 功率：7.5kW 转速：1450r/min	台	1	副厂房四层通风机房	
1.6	消防楼梯间正压送风机（上部）	SWF－Ⅰ－No7 风量：18800m³/h 风压：329Pa 功率：3kW 转速：1450r/min	台	1	副厂房四层通风机房	
1.7	合用前室正压送风机（上部）	SWF－Ⅰ－No7 风量：15319m³/h 风压：370Pa 功率：3kW 转速：1450r/min	台	1	副厂房四层通风机房	
1.8	消防楼梯间正压送风机（下部）	DTF－Ⅰ－6.5－1 风量：19134m³/h 风压：466Pa 功率：4kW 转速：1450r/min	台	1	副厂房四层通风机房	
1.9	合用前室正压送风机（下部）	DTF－Ⅰ－6－1 风量：16275m³/h 风压：476Pa 功率：5.5kW 转速：2900r/min	台	1	副厂房四层通风机房	
1.10	蓄电池室排风机	BT35－No5 风量：7841m³/h 风压：156Pa 功率：0.75kW 转速：1450r/min	台	1	副厂房四层通风机房	
1.11	钢瓶间排风机	BT35－11－No3.15 风量：1689 m³/h 风压：52Pa 功率：0.12kW	台	1	钢瓶间	
1.12	卫生间排气扇	BPT10－12－BH 风量：120 m³/h 功率：0.046kW	台	2	副厂房卫生间	
1.13	柴油发电机房排风机	BT35－11－No3.15 风量：3076 m³/h 风压：180Pa 功率：0.37kW 转速：2900r/min	台	1	柴油发电机房	
2	空调					
2.1	空调室内机（嵌入式四面出风）	FXFP45KMVC $Q_{冷}=4.5kW$ $N=0.097kW$	台	2		
2.2	空调室内机（导管暗藏）	FXFP71KMVC $Q_{冷}=7.1kW$ $N=0.118kW$	台	12		
2.3	空调室外机	RHXYQ32PY1（RHXYQ16PY1x2） $Q_{冷}=90kW$ $N=28.4kW$	台	1	副厂房顶层屋面上	
3	消防					
3.1	消防供水泵	XBD4/25－125L $Q=108m³/h$ $H=60mH_2O$ $N=30kW$	台	2	副厂房地下一层消防泵房	一用一备
3.2	消防系统定压设备	ZW－Ⅰ－X－10 $Q=18m³/h$ $H=25mH_2O$ $N=1.5kW$	套	1	副厂房地下一层消防泵房	

序号	项目名称	技术参数	单位	数量	布置地点	备注
3.3	高位消防水箱	有效容积：12m³	套	23	—	
3.4	室内消火栓	单栓 SN65φ19 喷雾水枪 水龙带 25m	套	1	—	
3.5	试验消火栓	单栓 SN65φ19 喷雾水枪 水龙带 25m	具	50	—	
3.6	室外地上式消火栓	SA100/65－1.6	套	2	—	
3.7	手提式磷酸铵盐干粉灭火器	MF/ABC5（灭火剂5kg）	具	50	—	
3.8	电缆层灭火系统	—	套	1	—	
4	给排水	—			—	
4.1	生活水供水设备	2DRL2－3 $Q=1m^3/h$ $H=40mH_2O$ $N=4kW$	套	1	副厂房地下一层消防泵房	

序号	项目名称	技术参数	单位	数量	布置地点	备注
4.2	生活水处理设备	$Q=1m^3/h$	套	1	副厂房地下一层消防泵房	包括过滤器及消毒器等
4.3	污水处理设备	$Q=1.5m^3/h$	套	1	室外	包括调节池、缺氧池、MBR池、清水池等
4.4	潜污泵	Flygt M3085 HT253 $Q=7.5 m^3/h$ $H=6.2mH_2O$ $N=2.4kW$	台	4	副厂房地下一层、开关楼地下一层泵坑	

第15章 设 计 图

设计图纸目录见表15－1。

表15－1　　　　　设计图纸目录表　　　　　

图号	名称
图15－1	电气主接线图
图15－2	开关站全景图（一）
图15－3	开关站全景图（二）
图15－4	开关站俯视图
图15－5	开关站设备全景图
图15－6	门卫室布置图
图15－7	开关楼主副厂房立面视图

图号	名称
图15－8	开关楼主副厂房纵剖图
图15－9	开关楼主副厂房横剖图
图15－10	开关楼主副厂房地下一层设备布置图
图15－11	开关楼主副厂房一层设备布置图
图15－12	开关楼主副厂房二层设备布置图
图15－13	开关楼主副厂房三层设备布置图
图15－14	开关楼主副厂房四层设备布置图
图15－15	柴油发电机房布置图

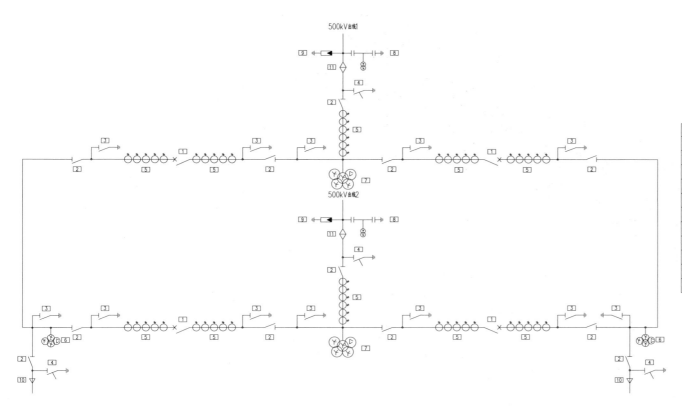

主要电气设备表

序号	设备名称	规格型号	单位	数量	备注
1	断路器	550kV, In=2500A , 63kA	组	4	
2	隔离开关	Un=550kV, In=2500A, 63kA/2s	组	12	
3	接地开关	Un=550kV, In=2500A, 63kA/2s	组	12	
4	快速接地开关	Un=550kV, In=2500A, 63kA/2s	组	4	
5	电流互感器	550kV, 2500/1A	只	156	
6	电压互感器	550kV, $\frac{500}{\sqrt{3}}/\frac{0.1}{\sqrt{3}}/\frac{0.1}{\sqrt{3}}/0.1$kV	只	6	
7	电压互感器	550kV, $\frac{500}{\sqrt{3}}/\frac{0.1}{\sqrt{3}}/\frac{0.1}{\sqrt{3}}/\frac{0.1}{\sqrt{3}}/0.1$kV	只	6	
8	电容式电压互感器	550kV, $\frac{500}{\sqrt{3}}/\frac{0.1}{\sqrt{3}}$ kV	台	6	
9	避雷器	Un=444kV, 20kA	只	6	
10	500kV电缆终端	Un=500kV, 1000A	只	6	
11	SF$_6$/空气出线套管	Un=500kV, 2500A	只	6	

图 15-1　电气主接线图

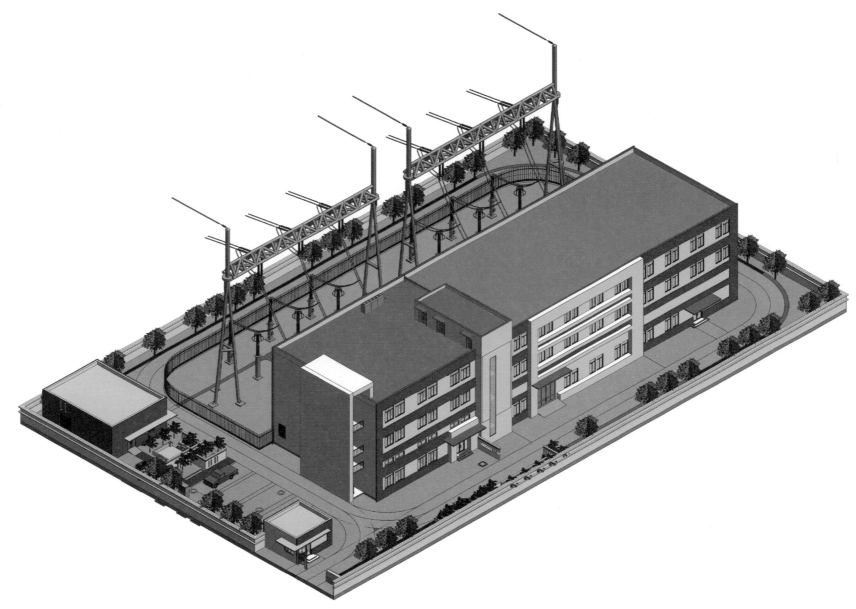

图 15-2 开关站全景图（一）

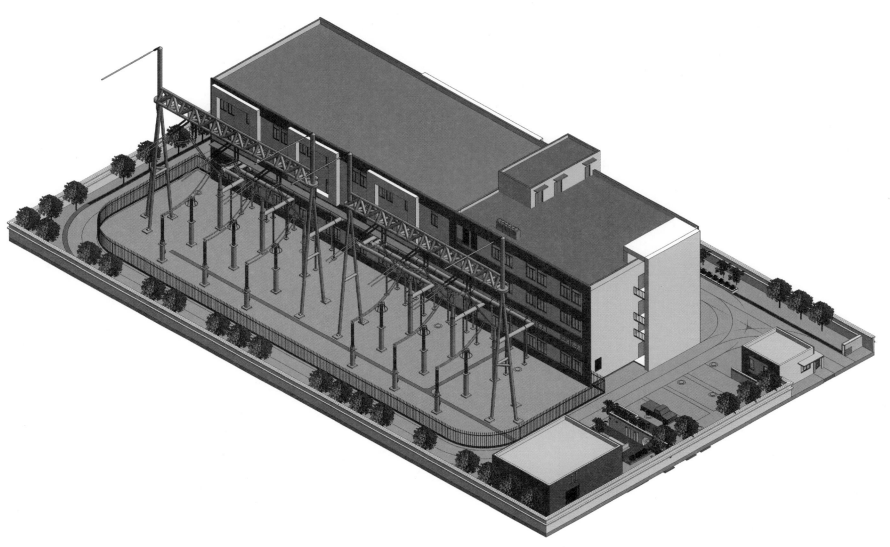

图 15-3　开关站全景图（二）

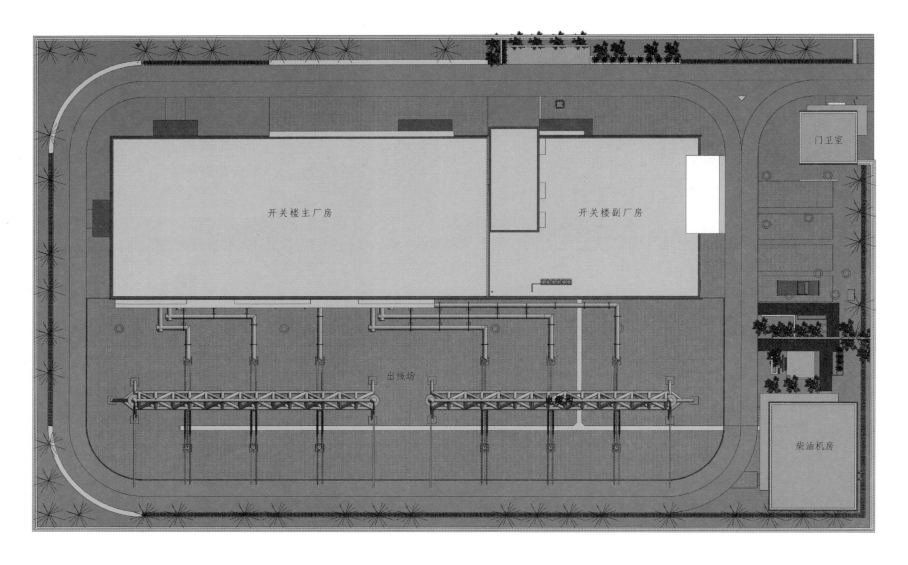

图 15-4 开关站俯视图

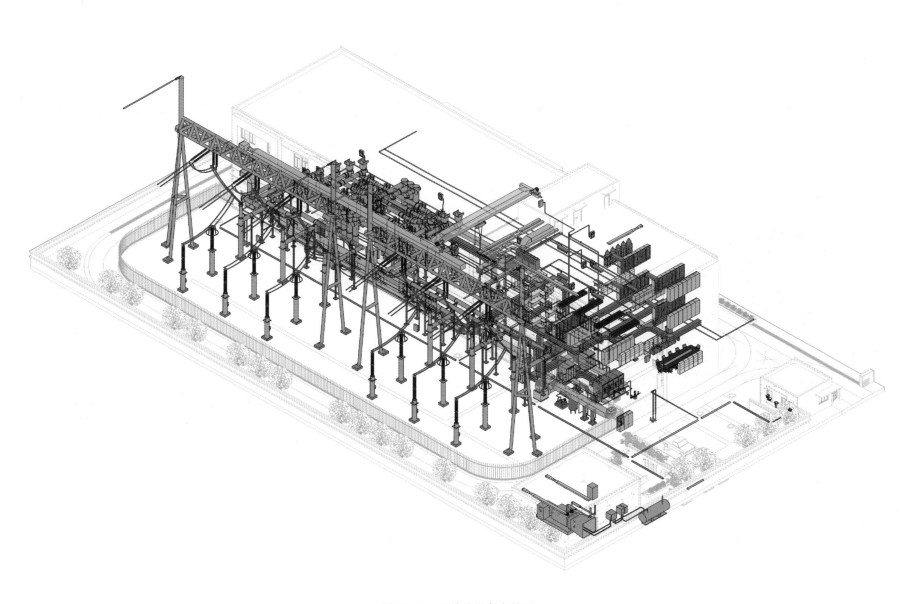

图 15 - 5　开关站设备全景图

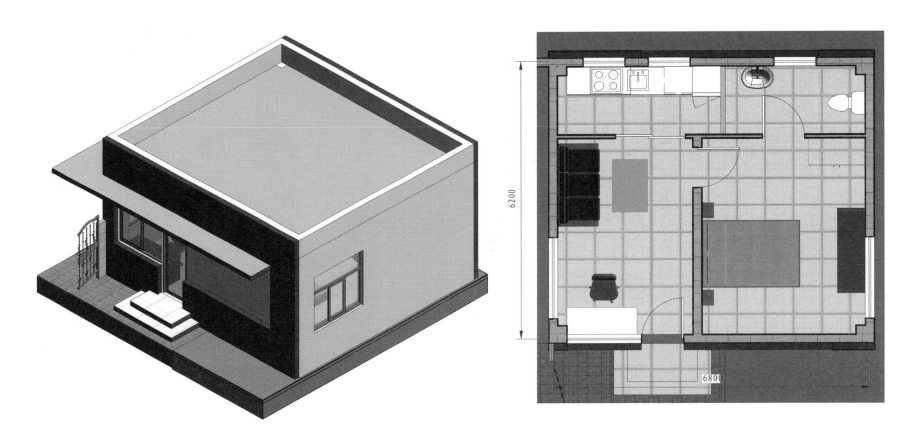

门卫室建筑外观三维图   门卫室布置平面图

图 15 - 6   门卫室布置图

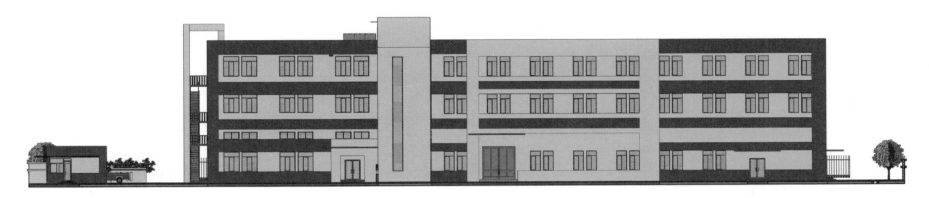

开关楼主副厂房正视图

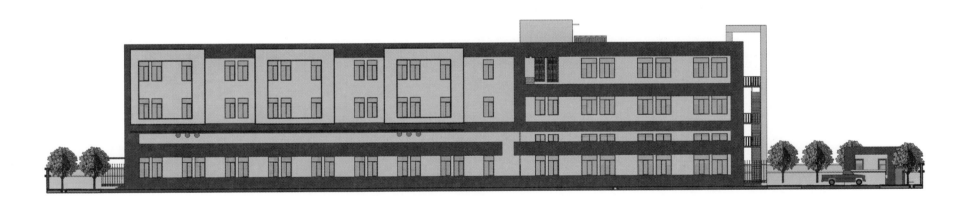

开关楼主副厂房背视图

图 15－7　开关楼主副厂房立面视图

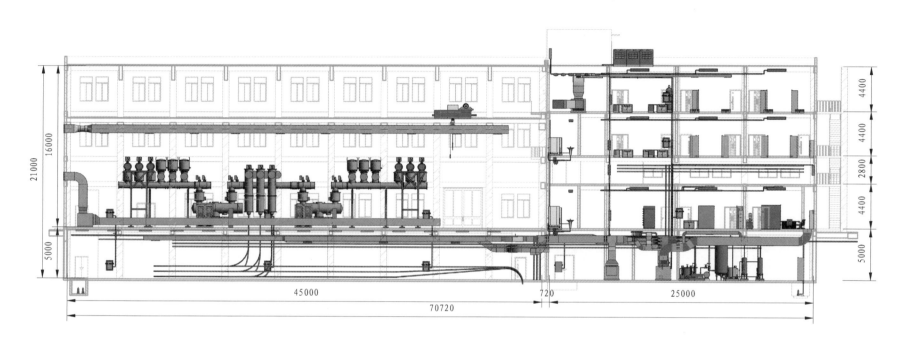

图 15 - 8　开关楼主副厂房纵剖图

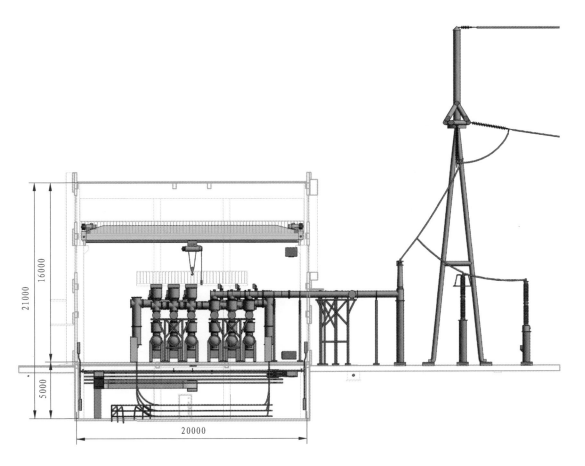

开关站主厂房横剖图

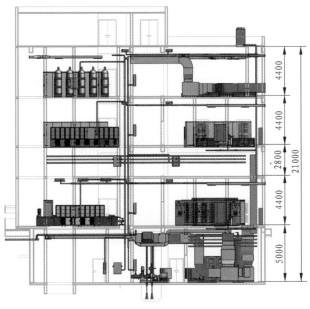

开关楼副厂房横剖图

图 15 - 9　开关楼主副厂房横剖图

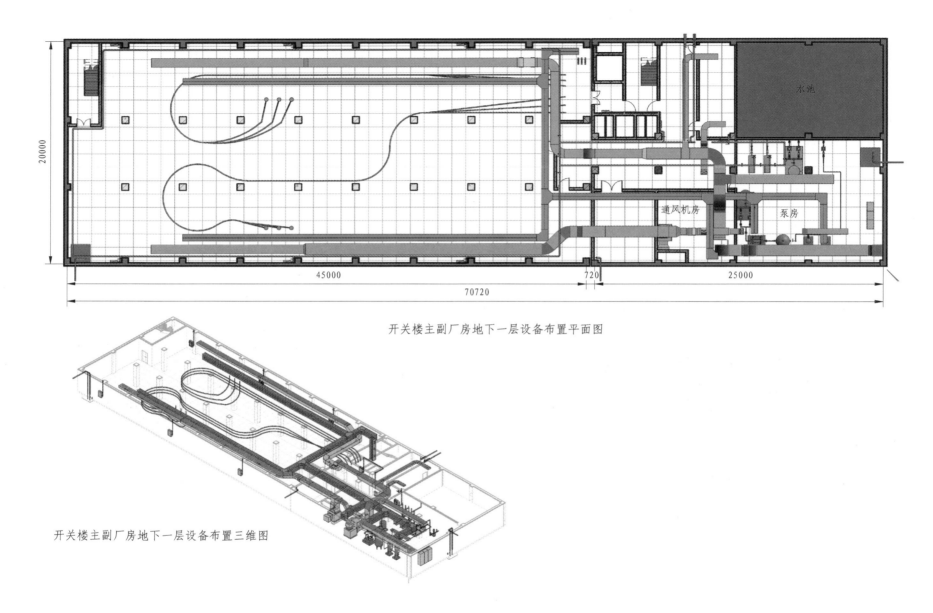

开关楼主副厂房地下一层设备布置平面图

开关楼主副厂房地下一层设备布置三维图

图 15-10　开关楼主副厂房地下一层设备布置图

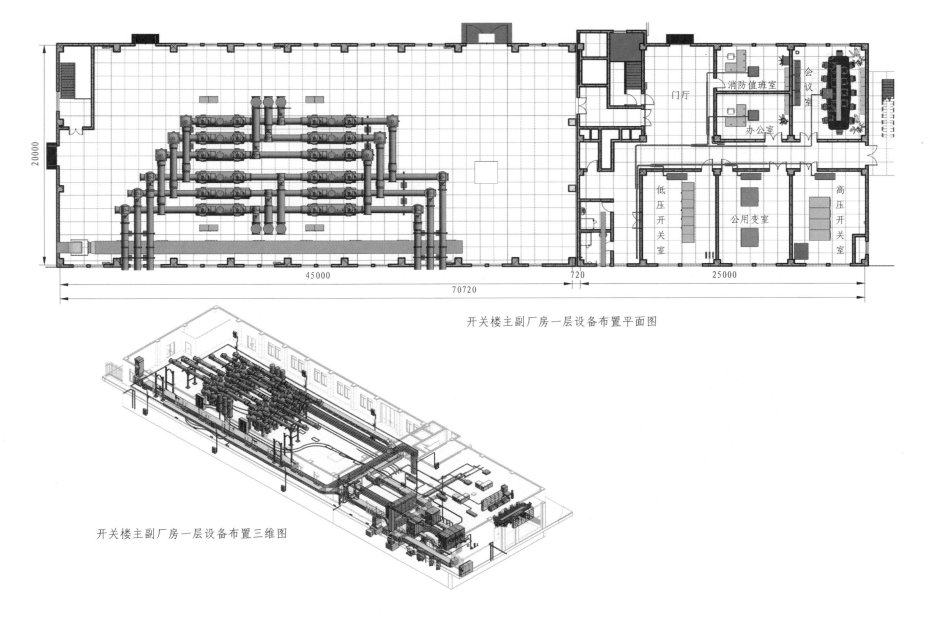

开关楼主副厂房一层设备布置平面图

开关楼主副厂房一层设备布置三维图

图 15-11　开关楼主副厂房一层设备布置图

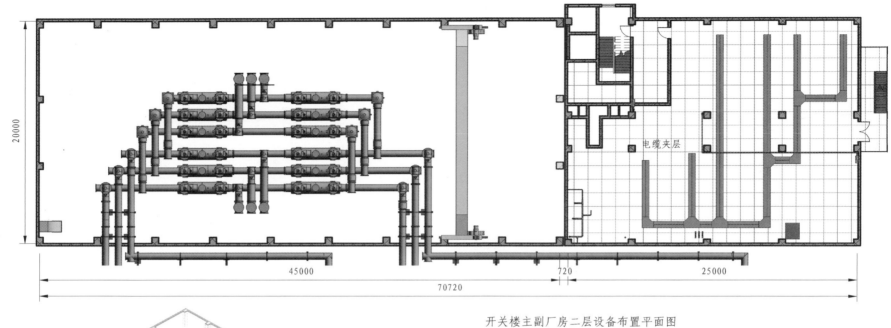

20000

45000   720   25000

70720

电缆夹层

开关楼主副厂房二层设备布置平面图

开关楼主副厂房二层设备布置三维图

图 15-12　开关楼主副厂房二层设备布置图

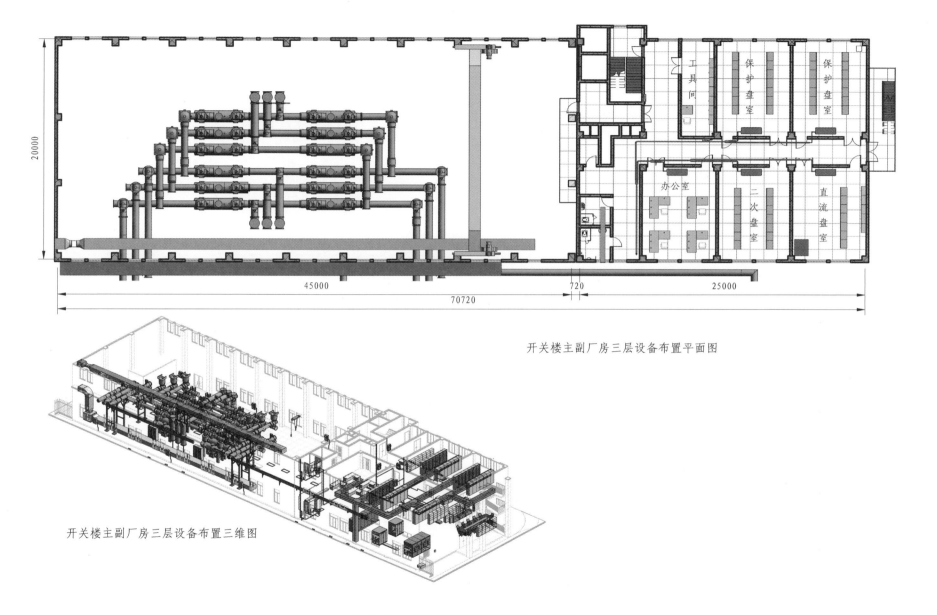

开关楼主副厂房三层设备布置平面图

开关楼主副厂房三层设备布置三维图

图 15-13　开关楼主副厂房三层设备布置图

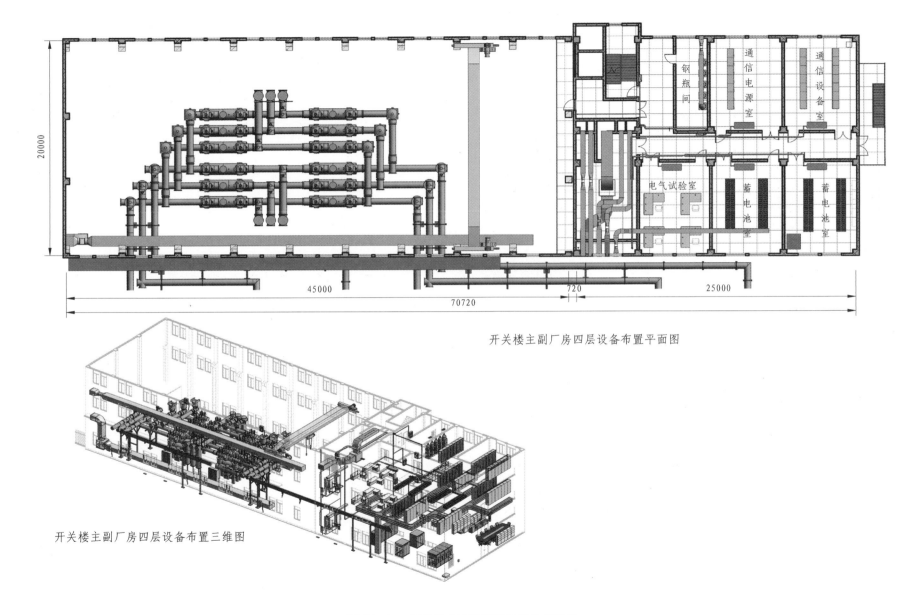

钢瓶间

通信电源室

通信设备室

电气试验室

蓄电池室

蓄电池室

20000

45000

720

25000

70720

开关楼主副厂房四层设备布置平面图

开关楼主副厂房四层设备布置三维图

图 15-14　开关楼主副厂房四层设备布置图

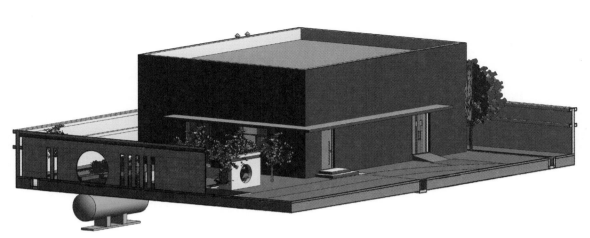

柴油发电机房建筑外观三维图

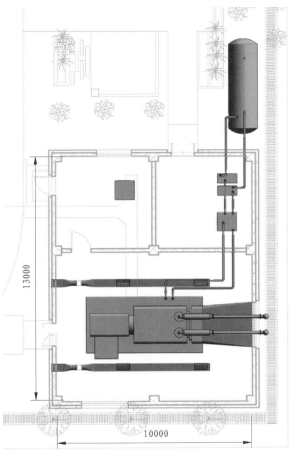

柴油发电机房布置平面图

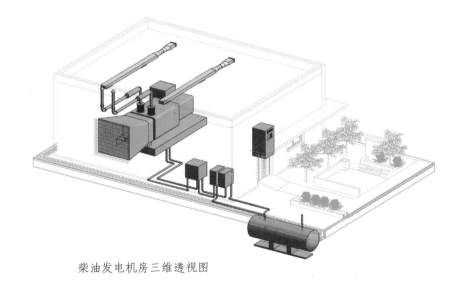

柴油发电机房三维透视图

图 15-15　柴油发电机房布置图

第5篇 方 案 四

第16章 设 计 说 明

16.1 概述

通用设计方案四对应四台机组、两回 500kV 出线、内桥形接线，开关楼主副厂房整体式，开关楼与出线场为前后式布置，高压电缆三相水平布置。建筑物屋顶采用平顶，短边进场，适用于北方气候的抽水蓄能电站。

16.1.1 通用设计的使用场合

电站地下厂房装设四台可逆式水泵水轮机和发电电动机组，每两台机组和两台主变压器组成一套联合单元，通过两回高压电缆与地面户内 GIS 相连；电站 500kV 侧出线两回，高压侧为内桥形接线。开关楼主厂房和副厂房为整体布置方式，开关楼与出线场为前后布置方式。高压引出线系统为竖井，开关站副厂房位于出线竖井顶部，副厂房与出线竖井共用一部电梯，沿副厂房楼梯往下即到达出线竖井楼梯。

16.1.2 设计方案的说明

通用设计方案四的工程特性见表 16 - 1。主要设备参数及尺寸参考国内知名厂家产品设计。

表 16 - 1　　　开关站通用设计方案四工程特性表

项目名称	工程特性
站址基本条件	海拔高度小于 1000m，地震动峰加速度 0.1g，污秽等级 d 级，北方气候
电气主接线	四台机，发电机电压侧两套联合单元，500kV 侧两进两出内桥形接线
厂用电系统	从地下厂房引两回 10kV 电源，0.4kV 单母线分段接线
保护系统	500kV 线路保护、高压电缆保护均双重设置
通信系统	采用 OPGW 光纤通信方式
总平面用地尺寸	100m×62m
开关楼尺寸	71m×20m
出线场尺寸	23m×76m
柴油机房尺寸	14m×11m
门卫室尺寸	7m×7m

16.2 电气一次部分

16.2.1 电气主接线

发电机电压侧采用联合单元接线；500kV侧两回进线两回出线，采用内桥形接线。电气主接线图详见附图。

16.2.2 厂用电系统

开关站配电系统从厂内10kV的两段母线分别引接一回电源，配电变压器共两台，互为备用，0.4kV母线采用单母线分段接线。动力和正常照明采用混合供电方式，另设置1套不间断电源装置，在紧急情况下为应急照明负荷供电。

如果开关站选址与其他建筑物较近，可采用0.4kV电压等级就近引接可靠性高的两回开关站配电系统电源并互为备用，0.4kV母线采用单母线分段接线。开关站可不设置10kV系统和配电变压器，相关的设备间可用作其他功能或相应减小副厂房面积。

16.2.3 过电压保护及接地

在500kV出线侧装设避雷器。避雷器的装设组数及配置地点，取决于雷电侵入波在各个电气设备上产生的过电压水平，具体工程中需采用雷电侵入波保护程序进行分析计算后确定。避雷器选用20kA标称放电电流的氧化锌避雷器。

500kV耐张绝缘子串片数选择34片，悬垂绝缘子串片数选择33片。具体工程中耐张绝缘子串和悬式绝缘子串的片数应根据不同的污秽等级及单片绝缘子的爬电距离计算选取。

开关站出线场、开关楼采用500kV出线门型架上设置与高压出线同时引出的避雷线或避雷针进行直击雷保护，其他建筑物采用在屋顶设置避雷带的方式进行直击雷保护。

开关站的接地装置设计与站址区域土壤电阻率、入地短路电流值有很大关系，通用设计因难以确定其通用条件，故对接地装置的设计不作推

荐，具体工程可根据实际条件设计。

开关站（包括各建筑物和设备）的接地网与电站总接地网连成一体。由于整个开关站占地较小，且GIS装置接地要求高，建议条件允许可优先选用铜材。

另根据《水力发电厂气体绝缘金属封闭开关设备配电装置设计规范》（DL/T 5139—2001）要求，GIS配电装置应设环形接地母线，将GIS的接地线均引至接地母线。接地母线再与接地网多点连接。接地母线材质采用铜材，并满足动热稳定的要求。

依据《国家电网公司发电厂重大反事故措施（试行）》中关于加强继电保护二次回路的抗干扰性能，确保电站安全可靠运行的要求，在开关站继电保护盘室、通信设备室、二次盘室等电气设备房间以及主要电缆沟道等处，按屏柜布置方向及电缆走向，使用截面不小于100mm²的裸铜排（缆）敷设与主接地网紧密连接的等电位环形接地网，控制保护屏柜均采用截面不小于50mm²的铜缆与相应的等电位环形接地网相连。

16.2.4 主要电气设备及技术参数

16.2.4.1 高压电缆

具体内容详见表16-2。

表16-2　　　　　　　　高压电缆技术参数表

技术参数	指标
型式	单相、铜芯、XLPE电力电缆
额定电压（U_0/U）	290/500kV
最高工作电压（U_m）	550kV
电缆截面	800mm²或1000mm²
额定短时耐受电流及持续时间	63kA，2s
额定峰值耐受电流	160kA
绝缘水平	
操作冲击耐受电压	1240kV（峰值）
雷电冲击耐受电压	1675kV（峰值）
外护套绝缘水平	
额定1min工频耐压	25kV（有效值）
雷电冲击耐受电压	72.5kV（峰值）

16.2.4.2 高压电缆终端

具体内容详见表 16-3。

表 16-3 高压电缆终端技术参数表

技术参数	指标
型式	户内、单相、全干式、与 GIS 设备相连
额定电压	550kV
额定电流	1000A
额定短时耐受电流及持续时间	63kA，2s
额定峰值耐受电流	160kA
绝缘水平	
操作冲击耐受电压	1240kV（峰值）
雷电冲击耐受电压	1675kV（峰值）

16.2.4.3 GIS 设备

具体内容详见表 16-4。

表 16-4 GIS 设备技术参数表

技术参数	指标
额定电压	550kV
额定电流	2500A
额定短时耐受电流及持续时间	63kA，2s
额定峰值耐受电流	160kA
绝缘水平	
额定 1min 工频耐压	740kV（有效值）
操作冲击耐受电压	1300kV（峰值）
雷电冲击耐受电压	1675kV（峰值）

16.2.4.4 SF$_6$/空气出线套管

具体内容详见表 16-5。

表 16-5 SF$_6$/空气出线套管技术参数表

技术参数	指标
型式	户外、单相、复合绝缘出线套管
额定电压	550kV
额定电流	2500A
额定短时耐受电流及持续时间	63kA，2s
额定峰值耐受电流	160kA
绝缘水平	
额定 1min 工频耐压	740kV（有效值）
操作冲击耐受电压	1300kV（峰值）
雷电冲击耐受电压	1675kV（峰值）

16.2.4.5 电容式电压互感器

具体内容详见表 16-6。

表 16-6 电容式电压互感器技术参数表

技术参数	指标
型式	户外、电容式
系统标称电压	500kV
设备最高电压	550kV
绝缘水平	
额定 1min 工频耐压	
一次侧	740kV（有效值）
二次侧	3kV（有效值）
操作冲击耐受电压	1300kV（峰值）
雷电冲击耐受电压	1675kV（峰值）

16.2.4.6 氧化锌避雷器

具体内容详见表 16-7。

表 16-7 　　　　　　　　氧化锌避雷器技术参数表

技术参数	指标
型式	户外、线路型、复合外套、立式、氧化锌、无间隙
系统标称电压	500kV
设备最高电压	550kV
标称放电电流	20kA
额定电压	444kA
持续运行电压	324kA

16.2.4.7 柴油发电机组

具体内容详见表 16-8。

表 16-8 　　　　　　　　柴油发电机组技术参数表

技术参数	指标
型式	三相、户内开放型
额定电压	10kV
额定容量	1600kW
功率因数	0.8

注　1600kW 为通用设计中柴油发电机拟定容量,仅作为示例。

16.3 电气二次部分

电气二次部分设计包括计算机监控、500kV 继电保护、控制电源、火灾自动报警、视频监控及电子安防、通信等系统设计及屏柜的布置设计。

16.3.1 计算机监控系统

电站计算机监控系统采用开放式环境下的分层分布式体系结构,即采用功能及监控对象分布式方式,计算机监控系统的各种设备以节点的形式

通过网络组件形成局域网,实现数据信息共享。根据监控对象的不同,设置相应的现地控制单元(LCU)。

开关站设置 500kV 现地控制单元(LCU),本单元监控范围包括 500kV 开关设备、500kV 电缆、500kV 系统继电保护装置、调度通信系统设备、开关站 220V 直流电源系统设备、不间断电源系统设备、开关站厂用电配电装置以及开关站内其他公用系统设备等。

16.3.2 500kV 继电保护系统

500kV 继电保护系统采用微机型保护装置,满足可靠性、选择性、灵敏性和速动性的要求;保护装置应技术先进、经济合理且有成熟的运行经验。

500kV 系统保护均采用两套完全冗余的保护系统,保护设备分别组屏,每套保护中的主保护应尽可能采用不同原理实现。

500kV 继电保护系统主要包括 4 套线路主保护和后备保护装置、3 套断路器保护装置、4 套 500kV 电缆保护装置、2 套 500kV 短引线保护装置、1 套失步解列装置、1 套行波故障测距装置、1 套功角测量装置、1 套 500kV 电能计费系统、1 套 500kV 故障录波装置和 1 套保护与故障信息管理系统等。以上保护装置均通过硬接线实现信息上送电站计算机监控系统。同时,通过通信连接到保护与故障信息管理系统,然后通过调度数据网实现与调度的通信。

16.3.3 控制电源系统

(1)直流电源系统。开关站设置 1 套 220V 高频开关直流电源系统,主要包含 3 套充电装置、2 组蓄电池、微机型监控模块、微机绝缘装置、微机电池巡检仪等。每套充电装置采用双路交流电源供电,每组蓄电池容量为 400Ah。直流电源系统负责开关站现地控制单元(LCU)设备、开关站应急照明设备、配电及不间断电源装置等供电。开关站设置直流分屏用于 500kV 线路保护装置、500kV 断路器保护装置、2 套 500kV 短引线保护装置、500kV 计量系统、500kV 电缆保护装置、500kV 故障录波装置、500kV 行波测距装置、开关站卫星同步时钟测量装置、500kV 功角测量装置、500kV PT 转接屏、500kV 电缆接地监视屏及高压电缆温度监测屏

（DTS）、开关站 10kV 开关柜及 0.4kV 开关柜等设备供电。

（2）交流电源系统。开关站设置 1 套 10kVA 不间断电源装置，主要供电气屏柜、通信系统交换机等设备使用，每套配置 2 台不间断电源装置。

16.3.4　火灾自动报警系统

火灾自动报警系统采用总线制加少量硬布线控制方式，以自动报警控制为主，手动报警控制为辅的设计原则。电站采用控制中心报警系统，选用自动化程度高、技术先进、性能稳定、抗干扰能力强和运行维护方便的智能型火灾自动报警设备。

电站消防控制中心设在地面中控楼中控室内，开关站设置火灾自动报警区域控制屏，对规范中要求直接控制的重要消防设备联动控制。

16.3.5　视频监控及电子安防系统

视频监控系统采用全数字式，配合计算机监控系统进一步完善"无人值班"（少人值守），使得电站运行人员在中控室就可看到各监视点现场的情况，对监视点进行正常的监视检查，在发生故障时可通过摄像头迅速查看，并作出判断。

中控室设置视频监控系统主控设备对视频监控系统进行集中监控，开关站设置视频监控区域控制盘，对开关站内主要电气设备运行状态、重要部位的安全及火灾进行监视。摄像机主要布置在电气设备房间内，如 GIS 室、变压器室、二次盘室、继电保护盘室、直流盘室、蓄电池室、通信设备盘室以及出入大门等，摄像头数量可结合实际电气房间数量及规模进行确定，以形成视频监控网络。

开关站设置 1 套周界报警控制系统，周界上布置 1 套入侵探测器，并将周界报警信号上传至中控室。现场报警控制设备和传输设备应采取防拆、防破坏措施。

16.3.6　通信系统

电站设置一套具有先进水平、功能完善的通信系统。利用该通信系统，对电站进行现代化管理，实现电站"无人值班"（少人值守），并确保

电站安全运行。系统通信设备主要布置在开关站通信设备盘室，如光传输设备、PCM 设备及综合配线设备等。厂内通信设备主要布置在中控楼通信设备盘室，如音频交换设备、调度台及总配线设备等。厂内通信设备布置位置结合电站通信系统设计方案及电站枢纽建筑物布置格局也可布置在开关站通信设备盘室。

电站以两回 500kV 线路接入电力系统，作为电站与系统调度端之间的电话和数据信息传输通道，系统通信采用 OPGW 光纤通信方式，通过 500kV 线路上的两回 OPGW 光缆电路实现电站与调度端的通信。

开关站通信设备采用直流不停电方式供电，采用双重化配置，设置两台智能型高频开关电源设备和两组 48V 阀控式密封铅酸蓄电池，每组蓄电池容量约为 200Ah。

16.3.7　GIS 室环境在线监测系统

GIS 室内配置 SF_6 气体在线监测系统，当 GIS 室内环境中 SF_6 气体含量超标或缺氧时进行报警，同时联动开启 GIS 室内通风机进行通风，并传送报警信号至计算机监控系统。GIS 室外入口处布置 GIS 室内通风机控制箱及 SF_6 气体在线监测报警装置。

16.4　开关站设备布置

开关站内布置有开关楼主、副厂房、出线场、柴油发电机房和门卫室。

主厂房首层布置 3 组 GIS 断路器间隔及控制盘等设备，地下设电缆层，便于电缆竖井中 500kV 高压电缆的引出以及与 GIS 设备的连接。

副厂房地上四层，地下一层。首层布置高、低压开关柜室、变压器室；二层布置电缆桥架；三层布置二次盘室、保护盘室、直流盘室及通信值班室等；四层布置通信电源室、通信设备室、蓄电池室及钢瓶间等；地下一层布置通风机房、消防水池及泵房。

户外出线场布置 2 组 500kV SF_6／空气套管，2 组电容式电压互感器，2 组避雷器和 2 组出线门型架。

为了在出线场设备的安全性评价工作中便于定期对盐密和灰密进行测量，出线门型架横梁两侧各安装一串（20 片）与带电悬垂绝缘子同型的

零挂绝缘子。

以 1600kW 柴油发电机示例：柴油发电机房布置柴油发电机组、控制盘、日用油箱（1m³）、油泵和地下油罐（3m³）；日用油箱和地下油罐储存的油量可满足柴油发电机 8h 运行。具体工程中可根据选定的柴油发电机容量及要求的运行时间，确定地下油罐的容积。

门卫室布置了值班室和门卫值班人员休息生活的房间，包括厨房和卫生间，考虑夫妻岗。

16.5 土建部分

16.5.1 建筑专业设计说明

16.5.1.1 总平面设计

拟建开关站工程用地为长 100m、宽 62m 的矩形用地，场地按平地设计，用地面积 6200m²。

拟建用地内建筑包括开关楼主、副厂房、柴油发电机房、门卫室和出线场；场地设置一个主要出入口以及一条交通环路，场地内交通便利。

厂区入口布置门卫室和大门，沿进场道路一侧布置整体式开关楼的主、副厂房，开关楼的后面布置出线场。柴油发电机房布置在门卫室后面。门卫室和柴油发电机房之间设置室外停车场。

厂区内道路宽度 4m，道路转弯半径不小于 10m。

围墙设计为高度 2.5m 的实体围墙，采用高度为 1.8m 的电动推拉伸缩大门。大门内侧设防止汽车冲撞的装置。

16.5.1.2 建筑设计

拟建开关楼包括主厂房和副厂房，为整体布置方式，开关楼与出线场为前后布置方式。主厂房地下一层、地上一层，地上一层设置一台 10t 桥式起重机。副厂房地下一层，地上四层，局部有楼梯间出屋顶。副厂房地下一层布置通风机房、消防水池、泵房、楼电梯间；首层布置：公用变室、低压开关室、高压开关室、办公室、会议室、楼电梯间、卫生间；二

层布置：电缆夹层、楼梯间；三层布置：直流盘室、二次盘室、继电保护盘室、通信值班室、卫生间、楼电梯间等；四层布置：蓄电池室、通风机房、气体灭火钢瓶室、通讯电源室、通讯设备室、电气试验室、楼梯间等。其中电梯和楼梯间部分与电站的出线竖井在垂直方向正对，乘坐电梯可从开关楼副厂房直达地下厂房的下出线平洞，从楼梯也可由出线竖井到达开关楼副厂房从而到达地面。

主厂房地下一层层高 5m，地上一层层高 16m；副厂房地下一层层高为 5m，一层层高 4.4m，二层层高 2.8m，三层、四层层高均为 4.4m。

地下一层底板、外墙均外包防水卷材，外墙防水卷材高出地面 0.5m，外装修时将其覆盖，防水等级为一级。在地下水位较高或地下水丰富的地区，为防止外包防水层施工质量达不到要求或破坏，可根据地区实际情况，在地下一层室内设排水沟、集水坑和排水泵以排除地下水渗水。

16.5.1.3 建筑外观设计

建筑风格力求建筑外观大气简洁，体现工业建筑特点，并通过现代主义手法演绎，流淌出活跃的气息。

外观设计上强调建筑的虚实变化，通过对玻璃和实体体块的对比处理，并运用形体的穿插以及活跃元素的介入来整合原本单调的开窗立面。

建筑外装修以外墙涂料为主，以大面积的深、浅雅灰色作为主色调。

在开关楼主副厂房内人能够得着的地方，选用平开塑钢窗或铝合金窗，开启扇应加防虫网（纱扇）；在人够不着的地方，选用固定塑钢窗或铝合金窗，玻璃选用双层中空玻璃。

疏散外门选用平开钢质防盗门；厂房运输大门采用平开彩钢大门或钢质卷帘门；普通室内房间门选用木门；电气设备房间门选用防火门；防火分区隔墙上的门选用甲级钢质防火门。

16.5.1.4 室外景观设计

为了减少生产工作人员因长时间处在特定环境产生的疲劳感，通过景观设计创造出宜人舒心的室外环境，使人们能够产生轻松的体验和心情。

根据用地内的功能分区，景观设计分为两个分区设计。

景观设计把靠近场地入口部分的区域作为重点进行处理，通过利用开关楼外墙和另外两处围合的装饰墙，营造出一个室外闭合空间，以竹丛为主题，造就一个使人"舒心"的区域。竹丛会对视线产生若隐若现的阻隔，配以旁边的白卵石和青石板铺地（也可采用砌立砖），青翠的颜色会显得更加纯净，室外空间让人感觉宁静和亲切。装饰墙的作用是可制造出独立性，阻挡与周边工业建筑的联系，以形成另外一个静谧的休闲场所，加上建筑周边设置的竹丛带，小空间油然而生。装饰墙上还可以开出有趣的图案，为厂区增添一丝文化气息。

被装饰墙分隔出的其他区域主要服务于生产的需求，根据工艺的要求布置硬地，空余用地尽量用于绿化。

所有入口都配以铺地，方便停车，建筑的主要入口还结合建筑形态砌筑出花台。

16.5.1.5　建筑消防设计

本工程主要生产类别以丁类为主，柴油发电机房及其储油间为丙类、其耐火等级为一级，其余耐火等级为二级。

建筑防火间距：大于等于 10m，厂区设置消防环路。

地下一层设置两个防火分区，每个分区不大于 $1000m^2$。每个防火分区用防火墙和甲级防火门分隔。地上按一个防火分区考虑。

主厂房首层设两个直通室外的安全出口，副厂房首层设置两个安全出口，一至四层设置一部室内疏散楼梯。

主厂房和副厂房地下一层各设一部疏散楼梯通至首层对外安全出口，另外一个疏散出口为主副厂房相邻防火墙上设的甲级防火门。

电缆层消防设计应满足消防规范和当地消防部门的要求，设置合适的防火设施。

16.5.1.6　技术经济指标

（1）用地面积：$6200m^2$。

（2）建筑基底面积：$1612m^2$。
　　　主厂房：$920m^2$。
　　　副厂房：$500m^2$。
　　　柴油发电机房：$143m^2$。
　　　门卫室：$49m^2$。

（3）建筑面积：$4532m^2$。
　　　主厂房：$1840m^2$。
　　　副厂房：$2500m^2$。
　　　柴油发电机房：$143m^2$。
　　　门卫室：$49m^2$。

（4）建筑层数：地上一至四层，地下一层。

（5）建筑高度：17m。

（6）防火等级：柴油发电机房及其储油间为一级，其余为二级。

（7）屋面防水等级：一级。

（8）地下室防水等级：一级，地下室底板和外墙均外包卷材防水。

16.5.1.7　建筑装修

具体内容详见表 16－9 至表 16－11。

表 16－9　　　　　　　　　　　　　　　　　　　　室 内 装 修 表

建筑名称	房间名称	楼、地面	踢脚、墙裙	内墙	顶棚
主厂房	地下一层	水泥砂浆地面	水泥踢脚	耐擦洗内墙涂料墙面	耐擦洗内墙涂料顶棚
	一层	自流平楼面或地砖楼面	水泥油漆踢脚或地砖踢脚	耐擦洗内墙涂料墙面	耐擦洗内墙涂料顶棚
	楼梯间	地砖楼地面	地砖踢脚	耐擦洗内墙涂料墙面	耐擦洗内墙涂料顶棚

建筑名称	房间名称	楼、地面	踢脚、墙裙	内墙	顶棚
副厂房	电梯厅、门厅、走廊	地砖楼地面	地砖踢脚	耐擦洗内墙涂料墙面	耐擦洗内墙涂料顶棚
	公用变室	地砖地面	地砖踢脚	耐擦洗内墙涂料墙面	耐擦洗内墙涂料顶棚
	消防水泵房	防滑地砖地面	地砖踢脚	耐擦洗内墙涂料墙面	耐擦洗内墙涂料顶棚
	高、低压开关室	地砖楼面	地砖踢脚	耐擦洗内墙涂料墙面	耐擦洗内墙涂料顶棚
	直流盘室、二次盘室、保护盘室	地砖楼面	地砖踢脚	耐擦洗内墙涂料墙面	耐擦洗内墙涂料顶棚
	通信设备室	地砖楼面	地砖踢脚	耐擦洗内墙涂料墙面	耐擦洗内墙涂料顶棚
	气体灭火钢瓶室	地砖楼面	地砖踢脚	耐擦洗内墙涂料墙面	耐擦洗内墙涂料顶棚
	办公室、会议室、值班室	地砖楼面	地砖踢脚	耐擦洗内墙涂料墙面	防潮石膏板吊顶
	电缆夹层	细石混凝土楼面	水泥踢脚	耐擦洗内墙涂料墙面	耐擦洗内墙涂料顶棚
	强电间、弱电间、竖井、管道井	混凝土楼地面		1:2.5 水泥砂浆，刷白	白水泥浆
	通风机房、空调机房	混凝土楼地面	水泥踢脚	矿棉吸声板内墙面	矿棉吸声板顶棚
	库房、工具间	地砖楼地面	地砖踢脚	耐擦洗内墙涂料墙面	耐擦洗内墙涂料顶棚
	卫生间	防滑地砖防水楼地面		瓷砖内墙面（防水层到顶）	铝扣板吊顶
	楼梯间	地砖楼地面	地砖踢脚	耐擦洗内墙涂料墙面	耐擦洗内墙涂料顶棚
柴油发电机房	控制盘室	地砖地面	地砖踢脚	耐擦洗内墙涂料墙面	耐擦洗内墙涂料顶棚
	机房、储油间	不发火混凝土地面	水泥踢脚	耐擦洗内墙涂料墙面	耐擦洗内墙涂料顶棚
门卫室	门卫、值班、住宿	地砖地面	地砖踢脚	耐擦洗内墙涂料墙面	耐擦洗内墙涂料顶棚
	卫生间	防滑地砖防水地面		瓷砖（防水层到顶）	铝扣板吊顶
	厨房	防滑地砖防水地面		瓷砖内墙面	铝扣板吊顶

表 16 - 10 　　　　室外工程做法表

项目	名称	备注
散水	混凝土散水	
台阶	室外地砖台阶	
坡道	混凝土坡道	
道路	混凝土道路	
铺地	室外地砖或混凝土铺地	

表 16 - 11 　　　　室外装修做法表

项目	名称	备注
屋面	卷材防水＋架空隔热细石混凝土板	
外墙面	外墙涂料外墙面	
地下防水	柔性卷材防水	

注 　由于本方案建于北方气候地区，设计时应根据所处具体气候分区，配合设备专业热工计算，确定外维护结构传热指标，采用相应的外墙、屋面以及门窗等为维护结构保温构造做法。

16.5.2 结构专业设计说明

16.5.2.1 工程概况

本建筑组团包括开关楼、门卫室、柴油发电机房、出线场、围墙等部分。开关楼又分为主厂房和副厂房两部分；主厂房部分地下一层、地上一层，地上布置一台 10t 的桥式起重机。副厂房部分地下一层，地上四层。主体结构采用现浇钢筋混凝土框架结构，筏板基础。主副厂房之间设变形缝。柴油发电机房为单层建筑物，采用现浇钢筋混凝土框架结构，独立柱基。门卫室为单层建筑，采用现浇钢筋混凝土框架结构，独立柱基，也可采用砌体结构，条形基础。出线构架支架可采用钢管或钢管混凝土、横梁采用钢桁架结构。如地形条件只满足设置一座第一基塔或第一基塔的基础与出线场地面高程相差较大，应充分考虑门型架的受力设计及按实际情况和相关规范修正门型架布置设计。

16.5.2.2 结构设计基本资料

（1）主体结构设计使用年限：50 年。

（2）建筑结构安全等级：根据电站等级确定其安全等级，为一级或二级。

（3）建筑抗震设防类别：主、副厂房、柴油发电机房为重点设防类（乙类）；值班室为标准设防类（丙类）。

（4）地面粗糙度为 B 类或 A 类。

（5）风荷载、雪荷载按工程所在地的位置结合我国现行规范确定。

（6）建筑物抗震等级：主厂房地下为二级、地上为一级；副厂房地下为三级、地上为二级；柴油发电机房、值班室为三级。

（7）建筑物地基基础设计等级为丙级或乙级。

16.5.2.3 活荷载标准值

具体内容详见表 16－12。

表 16－12 活荷载标准值表

房间名称	活荷载标准值/(kN/m²)
办公室、值班室	3.0
会议室	4.0
卫生间	2.5
走廊、楼梯	3.5
阳台	2.5
上人屋面	2.0
不上人屋面	0.5
高低压开关柜室	4.0
通风机房	7.0
蓄电池室	6.0
通信电源室、通信设备室	6.0
GIS室	20.0

GIS 室应根据具体工程不同厂家产品综合考虑断路器操作时垂直荷载、水平荷载以及运输车是否进入 GIS 层确定。

GIS 室内布置 10t 桥式起重机一台。

16.5.2.4 材料

混凝土：基础垫层采用 C15 混凝土，主体结构采用 C30 混凝土，地下室混凝土抗渗等级为 P6。严寒地区和寒冷地区，地下室混凝土抗冻等级为 F300。

钢筋：HPB300 级和 HRB400 级。

吊钩、吊环采用 HPB300 钢，不得采用冷加工钢筋。

钢材：Q235 和 Q345。

砌体：承重砌体采用 Mu15 蒸压灰砂砖、黏土空心砖（非限黏地区）或 Mu10 黏土砖（非限黏地区），±0.000 以下不得采用空心砖或空心砌块。±0.000 以下采用 M5 水泥砂浆，±0.000 以上 M5 混合砂浆。本条适用于警卫室和围墙。

框架结构填充墙砌体：A3.5 蒸压加气混凝土砌块，Mb5 混合砂浆，砌块容重不大于 8kN/m³。

排水沟可采用 Mu30 毛石和 M5 水泥砂浆砌筑。也可采用现浇钢筋混凝土结构，采用混凝土结构时，用 C20 混凝土。

手工焊时 HPB300 级钢筋、Q235 钢材采用 E43×× 型焊条；HRB400 级钢筋、Q345 钢材采用 E50×× 型焊条，钢筋与钢材焊接随钢筋定焊条型号。

16.5.3 供暖通风、消防及给排水专业设计说明

16.5.3.1 供暖通风设计

供暖通风设计包括通风系统、供暖系统、防排烟及事故（后）通风等系统设计、设备布置。

（1）开关楼通风系统设计。开关楼主厂房为地下一层、地上一层；副厂房为地下一层、地上四层。其中主厂房地下一层及副厂房所有房间通风方式采用机械送、排风，主厂房地上一层通风方式采用自然送风、机械排风。考虑到主厂房有事故通风要求，排风量按事故通风量校核，设计采用平时排风及事故时排风 2 套通风系统，平时通风按不小于 2 次/h 换气设计，事故时按不小于 4 次/h 换气设计，排风管道设置在地面上母线管道附近，能有效排除泄漏的 SF_6 有害气体。

蓄电池室、钢瓶间均设独立的排风系统，排风机采用防爆风机，排风直接排至室外。蓄电池室通风设测氢监测装置控制。

（2）出线竖井通风系统设计。为保证出线洞内敷设的电缆运行环境温度不致过高，设计在出线平洞及出线竖井的每一个电缆分隔段内设置通风，通风系统的设计为机械送、排风，串、并联布置，其中送风引自地下厂房。出线竖井排风机设置在地面开关楼副厂房四层的通风机房。

出线竖井内楼梯间及合用前室，分别设置有正压送风系统。因设计出线竖井深度超过 200m，楼梯间及合用前室的正压送风竖井均为 2 组，分上、下两个区域。4 台正压送风机设置在地面开关楼副厂房四层的通风机房。

（3）柴油发电机房通风系统设计。柴油发电机房设有事故通风系统，通风方式采用自然送风、机械排风。

（4）开关站供暖系统设计。开关楼主厂房、副厂房内房间，门卫室供暖方式均采用电暖器。开关楼主厂房、副厂房一层外门处设电热风幕，地下一层通风机房的主送风管道上设有风管式电加热器。

16.5.3.2 消防及给排水系统设计

消防及给排水系统设计范围包括开关楼主副厂房的消火栓系统及副厂房、门卫室生活给排水系统。

（1）消防系统设计及设备布置。

1）消防供水系统。在开关楼设置了室内、室外消火栓系统。按一个着火点最大消防用水量设计，根据《水电工程设计防火规范》（GB 50872—2014）相关规定，地面开关楼设室内及室外消火栓，其中室内消火栓水量为 10L/s，室外消火栓水量按 20L/s，火灾延续时间按 2h 设计，消防用水量为 216m³。副厂房地下一层设有效容积为 250m³ 的消防水池和消防水泵房，在消防水泵房内布置 2 台消防水泵，一备一用，流量 108m³/h，扬程 60m，功率 30kW；消防系统稳压设备设在消防水泵房内，有效容积为 12m³ 的高位消防水箱设置在顶层水箱间内。

从开关楼副厂房地下消防水泵后引两根 DN100 的消防供水管路，供给开关站室内、室外消火栓。开关楼主厂房地下一层、首层各设 6 套室内消火栓；副厂房部分地下一层到地上四层，每层分别设 2 套消火栓，在顶层楼梯间高处设 1 套试验消火栓。室内消火栓箱均设手动消防水泵启泵按钮。

地面出线场位于开关楼的后面，设室外消火栓 3 套。

柴油机房建筑面积较小，只布置室外消火栓，由于和开关楼相邻，因此与开关楼共用室外消火栓。

2）消防器材。本开关站火灾类型含 A、B、C、E 4 类，火灾危险性含中危险级和轻危险级，为方便采购和管理，所有手提式灭火器的配置基准按照 2A 或 55B。在不同的场所，根据不同需要配置磷酸铵盐干粉灭火器、泡沫灭火器、二氧化碳灭火器等。

消火栓箱采用国标图集 04S202 中戊型消火栓箱，栓口距地面 1.1m。

消火栓箱内设 SN65 消火栓，配备 ϕ19mm 口径水枪及 DN65、25m 长衬胶水水龙带以及消防卷盘。

3）设备消防。500kV GIS、开关楼变压器、高压开关柜、低压开关柜等均选用无油设备。开关楼主厂房地下一层电缆室及副厂房电缆层，电缆消防设计应满足消防规范和当地消防部门的要求，设置合适的防火设施。

（2）给排水系统设计及设备布置。

1）生活给水系统。地面开关站生活给水水源为副厂房地下一层消防水池，生活给水主要用于副厂房、门卫室卫生间用水。生活用水在消防水泵房经过滤、消毒等水处理设备处理，达到饮用水卫生标准后由生活水供水设备至各用水点。

2）生活排水系统。地面开关站室外地下设有化粪池及污水处理系统，副厂房、门卫室排出的污水进入化粪池，由排水管引入室外的污水处理系统（包括调节池、缺氧池、MBR 池、清水池等），经综合生物污水处理设备处理达到排放标准后就近排放。

第 17 章 主 要 设 备 清 册

17.1 电气一次主要设备清册

具体内容详见表 17-1。

17.2 电气二次主要设备清册

具体内容详见表 17-2。

表 17-1 电气一次主要设备清册表

序号	项目名称	技术参数	单位	数量	布置地点	备注
1	500kV 电力电缆	—	—	—		
1.1	超高压电力电缆	290/500kV，XLPE 1×800mm^2（或 1000mm^2），63kA/2s	m	—		
1.2	全干式电缆终端	290/500kV，I_n≥1000A，63kA/2s	只	6		不含地下 6 只
2	500kV GIS		套	1		
2.1	高压断路器	GIS-550kV，I_n=2500A，63kA，63kA/2s，160kA	组	3	—	
2.2	SF$_6$/空气套管	GIS-550kV，I_n=2500A，63kA/2s	只	6	—	
3	500kV 出线场设备		套	1		
3.1	电容式电压互感器	550kV，$\dfrac{500}{\sqrt{3}}\Big/\dfrac{0.1}{\sqrt{3}}$kV	台	6	—	
3.2	避雷器	ZnO，U_n=444kV，20kA	台	6	—	
3.3	500kV 设备连接导线	2xLGJQT-1400	m	300	—	
3.4	500kV 线夹	2xLGJQT-1400 配套线夹	个	42	—	
4	开关站配电系统					
4.1	柴油发电机组	1600kW，10kV，cosφ=0.8	套	1	柴油机房	
4.2	开关楼变压器	三相干式，带外壳，无激磁调压，10/0.4kV	台	2	副厂房地下一层	
4.3	高压开关柜	中置式真空开关柜，12kV	面	4	副厂房首层	
4.4	低压开关柜	抽屉式开关柜，0.4kV	面	7	副厂房首层	其中逆变装置 1 套，应急照明盘 1 面

电气二次主要设备清册表

序号	项目名称	技术参数	单位	数量	布置地点	备注
1	计算机监控系统	—	—	—	副厂房三层	
1.1	开关站 LCU 柜	PLC	面	3	—	
2	500kV 继电保护系统	—	—	—	副厂房三层	
2.1	500kV 线路保护柜	数字式	面	4	—	含后备保护
2.2	500kV 电缆保护柜	数字式	面	8	—	
2.3	500kV 短引线保护柜	数字式	面	8	—	
2.4	500kV 断路器保护柜	数字式	面	3	—	
2.5	故障录波装置柜	—	面	2	—	
2.6	电能计量柜	—	面	1	—	
2.7	保护与故障信息管理系统	—	套	1	—	
2.8	功角测量柜	—	面	1	—	
2.9	行波测距柜	—	面	1	—	如有
2.10	失步解列柜	—	面	1	—	
2.11	卫星同步时钟测量柜	—	面	1	—	
3	控制电源系统		—	—	副厂房三、四层	
3.1	直流电源系统	—	—	—	—	
3.1.1	蓄电池组	400Ah	组	2	—	DC 220V
3.1.2	充电装置柜	—	面	3	—	
3.1.3	馈线柜	—	面	2	—	
3.1.4	联络柜	—	面	1	—	
3.2	不间断电源系统	—	—	—	—	
3.2.1	不间断电源	10kVA	面	2	—	AC 220V
4	火灾自动报警系统	—	—	—	副厂房三层	
4.1	开关站区域控制盘	—	面	1	—	
5	视频监控及电子安防系统		—	—	副厂房三层	
5.1	开关站区域控制盘	—	面	1	—	
5.2	入侵探测器	—	套	1	—	
6	通信系统	—	—	—	副厂房四层	
6.1	综合配线柜	—	面	1	—	
6.2	光传输设备柜	—	面	2	—	
6.3	PCM 柜	—	面	2	—	
6.4	通信电源柜	—	面	2	—	
6.5	通信蓄电池柜	200Ah	面	2	—	DC 48V

17.3 供暖通风、消防及给排水主要设备清册

具体内容详见表17-3。

表17-3 供暖通风、消防及给排水主要设备清册表

序号	项目名称	技术参数	单位	数量	布置地点	备注
1	通风					
1.1	开关楼主、副厂房送风机	HTFC-Ⅰ-28 风量：28590m³/h 风压：292Pa 功率：7.5kW 转速：450r/min	台	1	副厂房地下一层通风机房	
1.2	开关楼主、副厂房排风机	HTFC-Ⅰ-28 风量：28590m³/h 风压：292Pa 功率：7.5kW 转速：450r/min	台	1	副厂房四层通风机房	
1.3	开关楼事故排风	HTFC-Ⅲ-No33 风量：39314m³/h 风压：435Pa 功率：11kW 转速：400r/min	台	1	开关楼主厂房	
1.4	开关楼平时排风	CDZ-No10 风量：29999m³/h 风压：208Pa 功率：3kW 转速：720r/min	台	1	开关楼主厂房	
1.5	出线竖井排风机	DTF-Ⅰ-7-1 风量：19450m³/h 风压：721Pa 功率：7.5kW 转速：1450r/min	台	1	副厂房四层通风机房	
1.6	消防楼梯间正压送风机（上部）	SWF-Ⅰ-No7 风量：18800m³/h 风压：329Pa 功率：3kW 转速：1450r/min	台	1	副厂房四层通风机房	
1.7	合用前室正压送风机（上部）	SWF-Ⅰ-No7 风量：15319m³/h 风压：370Pa 功率：3kW 转速：1450r/min	台	1	副厂房四层通风机房	
1.8	消防楼梯间正压送风机（下部）	DTF-Ⅰ-6.5-1 风量：19134m³/h 风压：466Pa 功率：4kW 转速：1450r/min	台	1	副厂房四层通风机房	
1.9	合用前室正压送风机（下部）	DTF-Ⅰ-6-1 风量：16275m³/h 风压：476Pa 功率：5.5kW 转速：2900r/min	台	1	副厂房四层通风机房	
1.10	蓄电池室排风机	BT35-No5 风量：7841m³/h 风压：156Pa 功率：0.75kW 转速：1450r/min	台	1	副厂房四层通风机房	
1.11	钢瓶间排风机	BT35-11-No3.15 风量：1689 m³/h 风压：52Pa 功率：0.12kW	台	1	钢瓶间	
1.12	卫生间排气扇	BPT10-12-BH 风量：120 m³/h 功率：0.046kW	台	2	副厂房卫生间	
1.13	柴油发电机房排风机	BT35-11-No3.15 风量：3076 m³/h 风压：180Pa 功率：0.37kW 转速：2900r/min	台	1	柴油发电机房	
2	供暖					
2.1	电暖器	$N=2.5kW$	台	40		
2.2	电暖器	$N=2kW$	台	12		
2.3	电热风幕	$L=1500mm$ $N=2kW$	台	4		
2.4	电热风幕	$L=1800mm$ $N=2kW$	台	2		
2.5	风管式电加热器	$N=40kW$	组	1		
3	消防					
3.1	消防供水泵	XBD4/25-125L $Q=108m³/h$ $H=60mH_2O$ $N=30kW$	台	2	副厂房地下一层消防泵房	一用一备
3.2	消防系统定压设备	ZW-Ⅰ-X-10 $Q=18m³/h$ $H=25mH_2O$ $N=1.5kW$	套	1	副厂房地下一层消防泵房	

序号	项目名称	技术参数	单位	数量	布置地点	备注
3.3	高位消防水箱	有效容积：12m³	台	1	副厂房顶层消防水箱间	
3.4	室内消火栓	单栓 SN65φ19 喷雾水枪 水龙带 25m	套	23	—	
3.5	试验消火栓	单栓 SN65φ19 喷雾水枪 水龙带 25m	套	1	—	
3.6	室外地下式消火栓	SA100/65-1.6	套	3	—	
3.7	手提式磷酸铵盐干粉灭火器	MF/ABC5（灭火剂 5kg）	具	50	—	
3.8	电缆层灭火系统	—	套	1	—	
4	给排水	—				
4.1	生活水供水设备	2DRL2-3 $Q=1m^3/h$ $H=40mH_2O$ $N=4kW$	套	1	副厂房地下一层消防泵房	

序号	项目名称	技术参数	单位	数量	布置地点	备注
4.2	生活水处理设备	$Q=1m^3/h$	套	1	副厂房地下一层消防泵房	包括过滤器及消毒器等
4.3	污水处理设备	$Q=1.5m^3/h$	套	1	室外	包括调节池、缺氧池、MBR池、清水池等
4.4	潜污泵	Flygt M3085 HT253 $Q=7.5m^3/h$ $H=6.2mH_2O$ $N=2.4kW$	台	4	副厂房地下一层、开关楼地下一层泵坑	

第18章 设 计 图

设计图纸目录见表18-1。

表18-1　　　　　　　　设计图纸目录表

图号	名称
图18-1	电气主接线图
图18-2	开关站全景图（一）
图18-3	开关站全景图（二）
图18-4	开关站俯视图
图18-5	开关站设备全景图
图18-6	门卫室布置图
图18-7	开关楼主副厂房立面视图

续表

图号	名称
图18-8	开关楼主副厂房纵剖图
图18-9	开关楼主副厂房横剖图
图18-10	开关楼主副厂房地下一层设备布置图
图18-11	开关楼主副厂房一层设备布置图
图18-12	开关楼主副厂房二层设备布置图
图18-13	开关楼主副厂房三层设备布置图
图18-14	开关楼主副厂房四层设备布置图
图18-15	柴油发电机房布置图

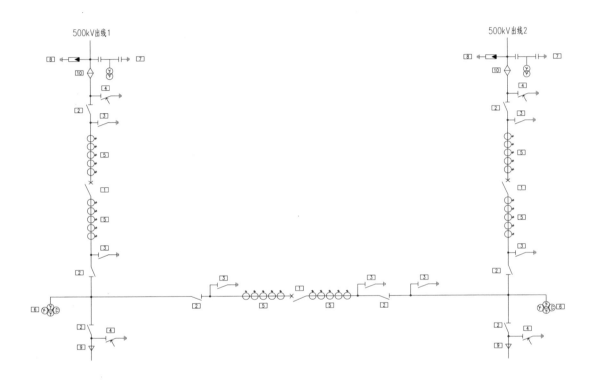

主要电气设备表

序号	设备名称	规 格 型 号	单位	数量	备注
1	断路器	550kV, In=2500A, 63kA	组	3	
2	隔离开关	Un=550kV, In=2500A, 63kA/2s	组	8	
3	接地开关	Un=550kV, In=2500A, 63kA/2s	组	7	
4	快速接地开关	Un=550kV, In=2500A, 63kA/2s	组	4	
5	电流互感器	550kV, 2500/1A	只	90	
6	电压互感器	550kV, $\frac{500}{\sqrt{3}}/\frac{0.1}{\sqrt{3}}/\frac{0.1}{\sqrt{3}}$/0.1kV	只	6	
7	电容式电压互感器	550kV, $\frac{500}{\sqrt{3}}/\frac{0.1}{\sqrt{3}}/\frac{0.1}{\sqrt{3}}/\frac{0.1}{\sqrt{3}}$/0.1kV	台	6	
8	避雷器	Un=444kV, 20kA	只	6	
9	500kV电缆终端	Un=500kV, 1000A	只	6	
10	SF₆/空气出线套管	Un=500kV, 2500A	只	6	

图 18-1　电气主接线图

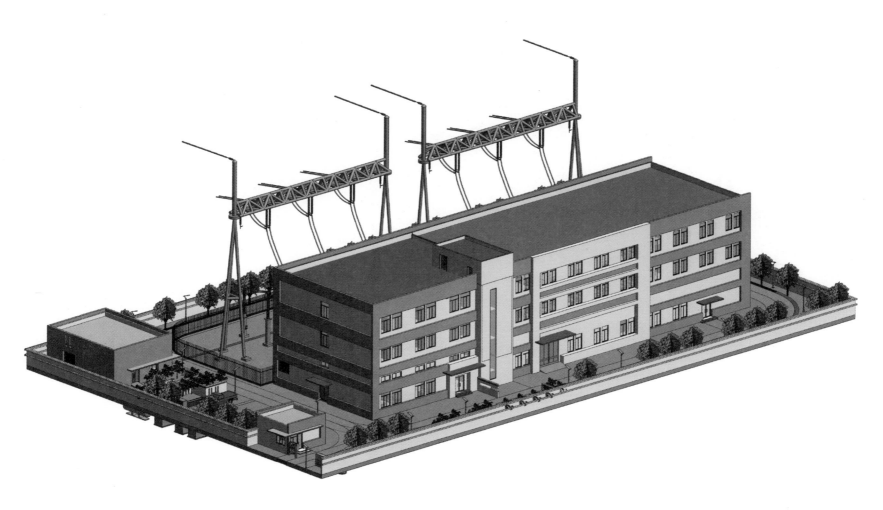

图 18-2　开关站全景图（一）

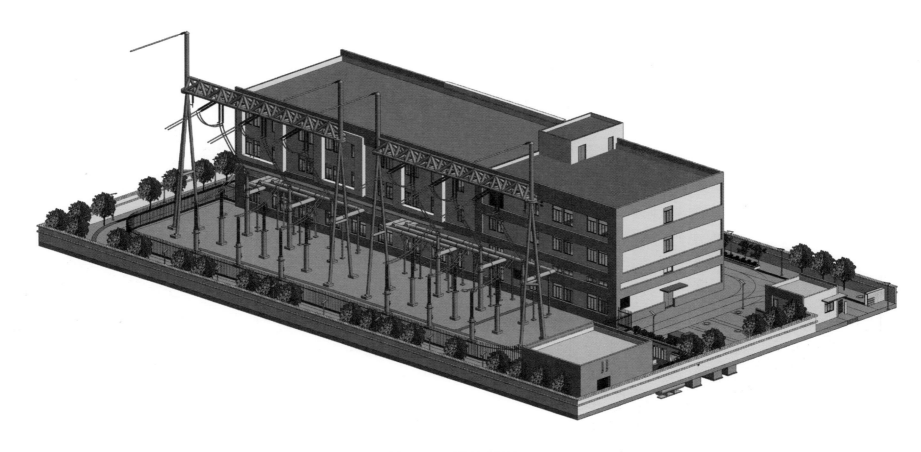

图 18 - 3　开关站全景图（二）

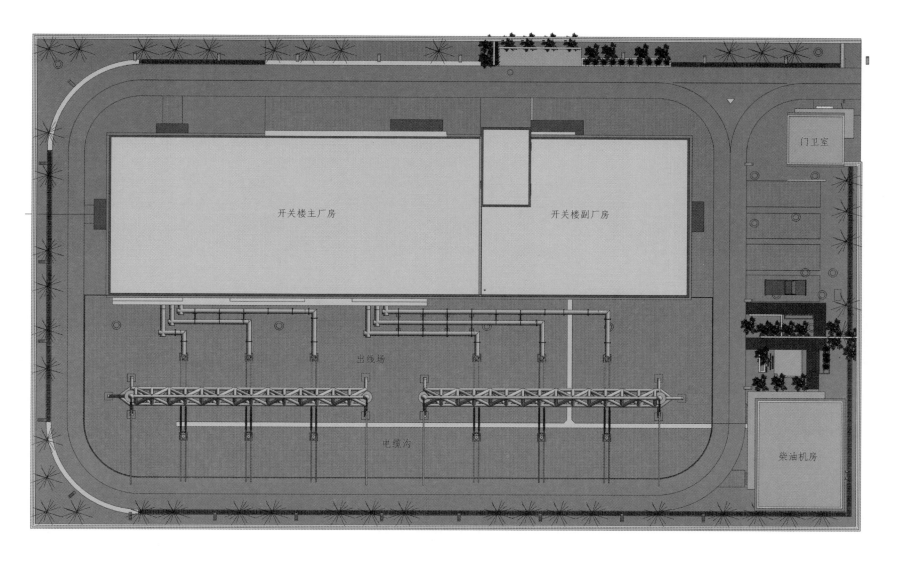

图 18-4　开关站俯视图

开关楼主厂房

开关楼副厂房

出线场

电缆沟

门卫室

柴油机房

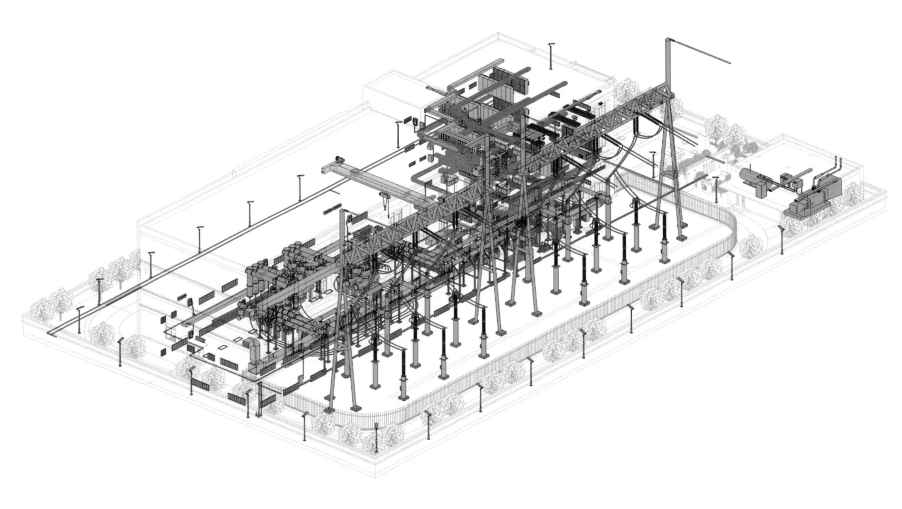

图 18 - 5　开关站设备全景图

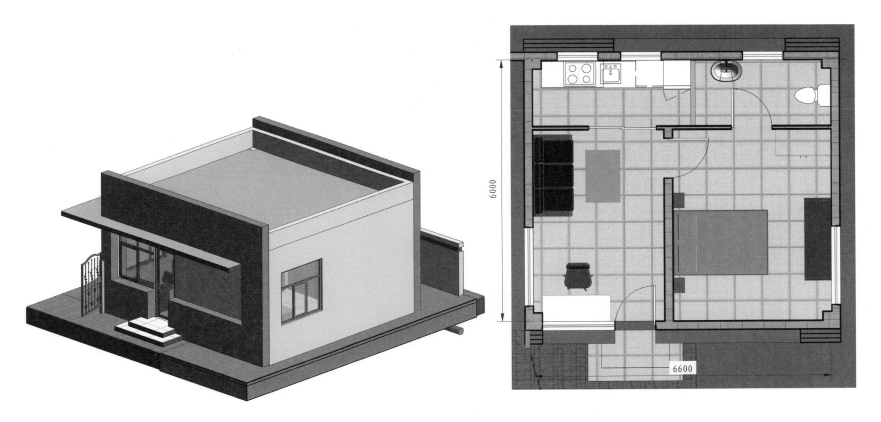

门卫室建筑外观三维图　　　　　　　　　门卫室布置平面图

图 18－6　门卫室布置图

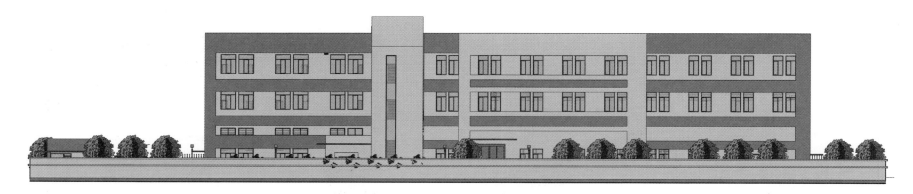

开关楼主副厂房正视图

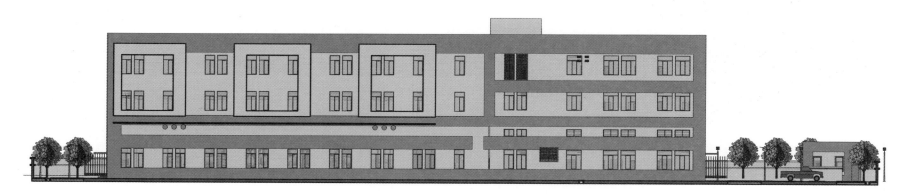

开关楼主副厂房背视图

图 18 - 7　开关楼主副厂房立面视图

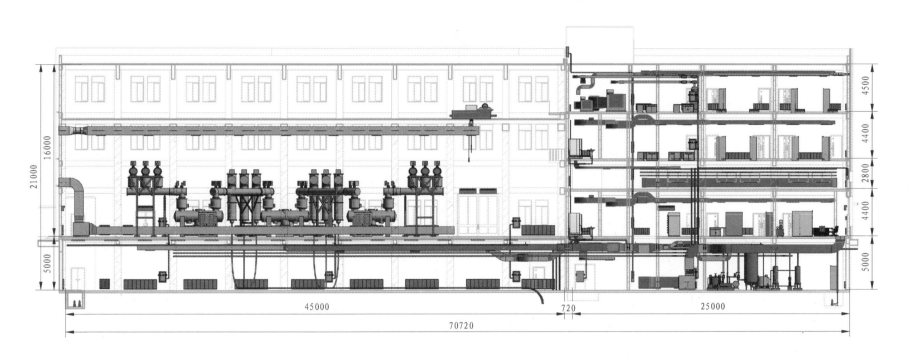

图 18-8 开关楼主副厂房纵剖图

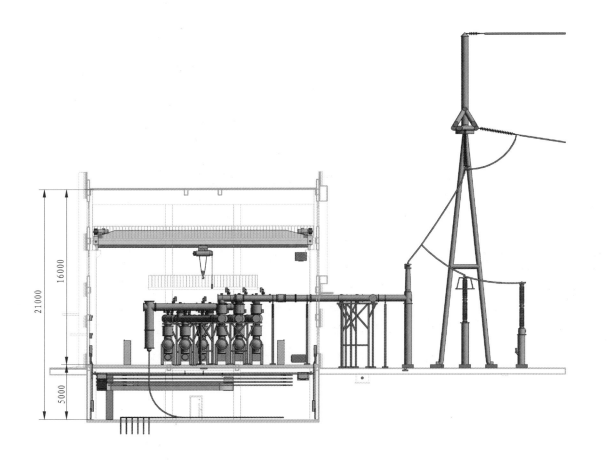

开关站主厂房横剖图

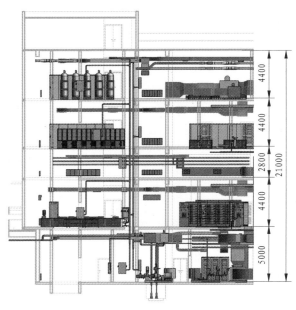

开关楼副厂房设备横剖图

图 18－9　开关楼主副厂房横剖图

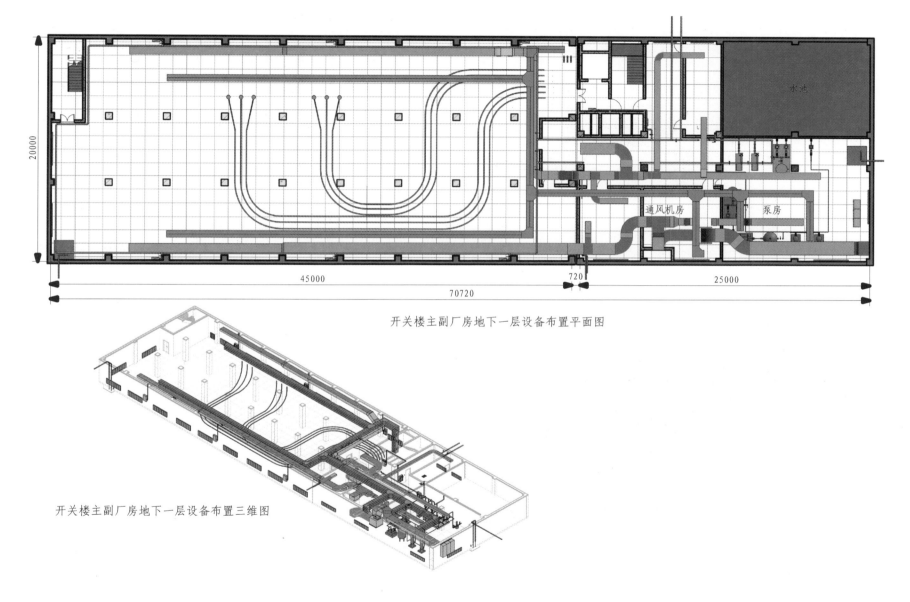

开关楼主副厂房地下一层设备布置平面图

开关楼主副厂房地下一层设备布置三维图

图 18-10 开关楼主副厂房地下一层设备布置图

开关楼主副厂房一层设备布置平面图

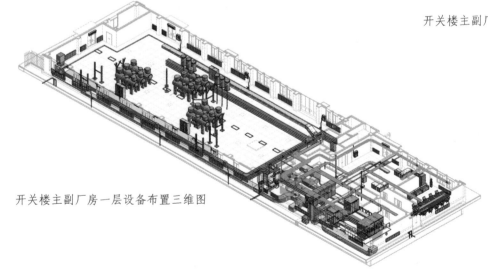

开关楼主副厂房一层设备布置三维图

图 18-11　开关楼主副厂房一层设备布置图

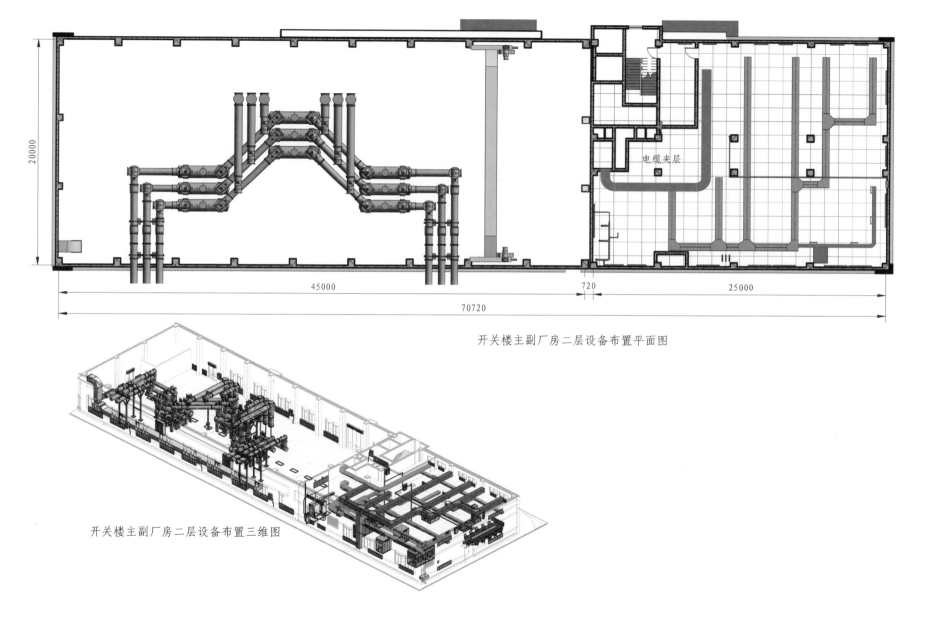

开关楼主副厂房二层设备布置平面图

开关楼主副厂房二层设备布置三维图

图 18 - 12　开关楼主副厂房二层设备布置图

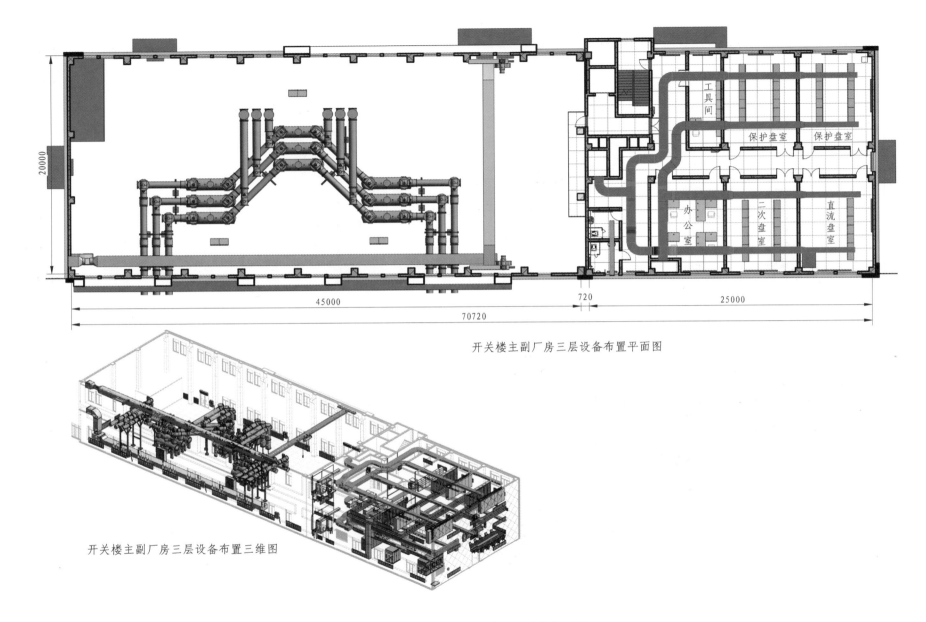

开关楼主副厂房三层设备布置平面图

开关楼主副厂房三层设备布置三维图

图 18-13　开关楼主副厂房三层设备布置图

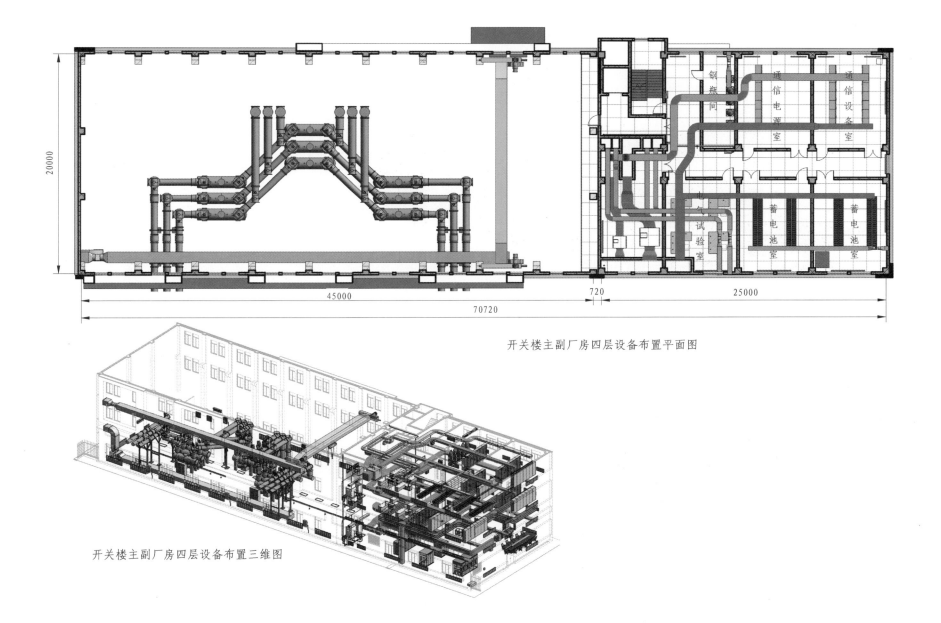

开关楼主副厂房四层设备布置平面图

开关楼主副厂房四层设备布置三维图

图 18-14　开关楼主副厂房四层设备布置图

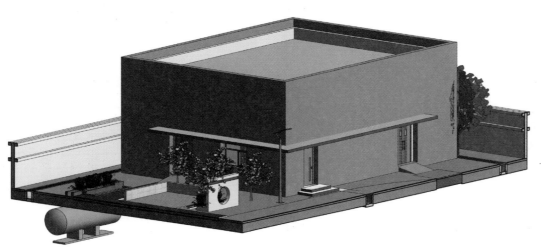

柴油发电机房建筑外观三维图

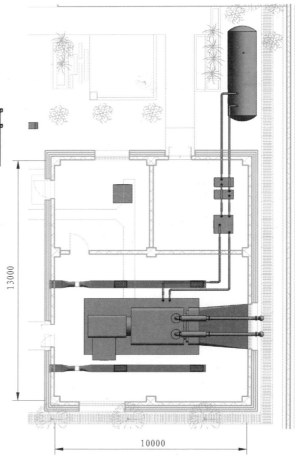

柴油发电机房布置平面图

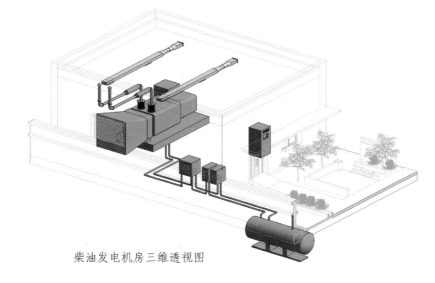

柴油发电机房三维透视图

图 18-15　柴油发电机房布置图

第6篇 方 案 五

第19章 设 计 说 明

19.1 概述

通用设计方案五对应四台机组、两回 500kV 出线、四角形接线，开关站 GIS 楼和继保楼分体式，GIS 楼、继保楼与出线场"一"字形布置，高压电缆三相垂直布置。建筑物屋顶采用坡顶，短边进场，适用于南方气候的抽水蓄能电站。

19.1.1 通用设计的使用场合

电站地下厂房装设四台可逆式水泵水轮机和发电电动机组，每两台机组和两台主变压器组成一套联合单元，通过两回高压电缆与地面户内 GIS 相连；电站 500kV 侧出线两回，高压侧为四角形接线。GIS 楼和继保楼为分体布置方式，GIS 楼、继保楼与出线场为"一"字形布置方式。高压引出线系统为竖井，GIS 楼位于出线竖井顶部。

19.1.2 设计方案的说明

通用设计方案五的工程特性见表 19－1。主要设备参数及尺寸参考国内知名厂家产品设计。

表 19－1　　　　　　　　开关站通用设计方案五工程特性表

项目名称	工程特性
站址基本条件	海拔高度小于 1000m，地震动峰加速度 0.1g，污秽等级 d 级，南方气候
电气主接线	四台机，发电机电压侧两套联合单元，500kV 侧两进两出四角形接线
厂用电系统	从地下厂房引两回 10kV 电源，0.4kV 单母线分段接线
保护系统	500kV 线路保护、高压电缆保护均双重设置
通信系统	采用 OPGW 光纤通信方式
总平面用地尺寸	180m×48m
GIS 楼尺寸	50m×20m
继保楼尺寸	25m×20m
出线场尺寸	2×（30m×36m）
柴油机房尺寸	14m×11m
门卫室尺寸	7m×7m

19.2 电气一次部分

19.2.1 电气主接线

发电机电压侧采用联合单元接线;500kV 侧两回进线两回出线,采用四角形接线。电气主接线图详见附图。

19.2.2 厂用电系统

开关站配电系统从厂内 10kV 的两段母线分别引接一回电源,配电变压器共两台,互为备用,0.4kV 母线采用单母线分段接线。动力和正常照明采用混合供电方式,另设置 1 套直流不间断电源装置,在紧急情况下为应急照明负荷供电。

如果开关站选址与其他建筑物较近,可采用 0.4kV 电压等级就近引接可靠性高的两回开关站配电系统电源并互为备用,0.4kV 母线采用单母线分段接线。开关站可不设置 10kV 系统和配电变压器,相关的设备间可用作其他功能或相应减小继保楼面积。

19.2.3 过电压保护及接地

在 500kV 出线侧装设避雷器。避雷器的装设组数及配置地点,取决于雷电侵入波在各个电气设备上产生的过电压水平,具体工程中需采用雷电侵入波保护程序进行分析计算后确定。避雷器选用 20kA 标称放电电流的氧化锌避雷器。

500kV 耐张绝缘子串片数选择 34 片,悬垂绝缘子串片数选择 33 片。具体工程中耐张绝缘子串和悬式绝缘子串的片数应根据不同的污秽等级及单片绝缘子的爬电距离计算选取。

开关站出线场、开关楼、继保楼采用 500kV 出线门型架上设置与高压出线同时引出的避雷线或避雷针进行直击雷保护,其他建筑物采用在屋顶设置避雷带的方式进行直击雷保护。

开关站的接地装置设计与站址区域土壤电阻率、入地短路电流值有很大关系,通用设计因难以确定其通用条件,故对接地装置的设计不作推

荐,具体工程可根据实际条件设计。

开关站(包括各建筑物和设备)的接地网与电站总接地网连成一体。由于整个开关站占地较小,且 GIS 装置接地要求高,建议条件允许可优先选用铜材。

另根据《水力发电厂气体绝缘金属封闭开关设备配电装置设计规范》(DL/T 5139—2001)要求,GIS 配电装置应设环形接地母线,将 GIS 的接地线均引至接地母线。接地母线再与接地网多点连接。接地母线材质采用铜材,并满足动热稳定的要求。

依据《国家电网公司发电厂重大反事故措施(试行)》中关于加强继电保护二次回路的抗干扰性能,确保电站安全可靠运行的要求,在开关站继电保护盘室、通信设备室、二次盘室等电气设备房间以及主要电缆沟道等处,按屏柜布置方向及电缆走向,使用截面不小于 $100mm^2$ 的裸铜排(缆)敷设与主接地网紧密连接的等电位环形接地网,控制保护屏柜均采用截面不小于 $50mm^2$ 的铜缆与相应的等电位环形接地网相连。

19.2.4 主要电气设备及技术参数

19.2.4.1 高压电缆

具体内容详见表 19-2。

表 19-2　　　　　　　　　　高压电缆技术参数表

技术参数	指标
型式	单相、铜芯、XLPE 电力电缆
额定电压(U_0/U)	290/500kV
最高工作电压(U_m)	550kV
电缆截面	$800mm^2$ 或 $1000mm^2$
额定短时耐受电流及持续时间	63kA,2s
额定峰值耐受电流	160kA
绝缘水平	
操作冲击耐受电压	1240kV(峰值)
雷电冲击耐受电压	1675kV(峰值)
外护套绝缘水平	
额定 1min 工频耐压	25kV(有效值)
雷电冲击耐受电压	72.5kV(峰值)

19.2.4.2　高压电缆终端

具体内容详见表19-3。

表19-3　　　　　高压电缆终端技术参数表

技术参数	指标
型式	户内、单相、全干式、与GIS设备相连
额定电压	550kV
额定电流	1000A
额定短时耐受电流及持续时间	63kA，2s
额定峰值耐受电流	160kA
绝缘水平	
操作冲击耐受电压	1240kV（峰值）
雷电冲击耐受电压	1675kV（峰值）

19.2.4.3　GIS设备

具体内容详见表19-4。

表19-4　　　　　GIS设备技术参数表

技术参数	指标
额定电压	550kV
额定电流	2500A
额定短时耐受电流及持续时间	63kA，2s
额定峰值耐受电流	160kA
绝缘水平	
额定1min工频耐压	740kV（有效值）
操作冲击耐受电压	1300kV（峰值）
雷电冲击耐受电压	1675kV（峰值）

19.2.4.4　SF$_6$/空气出线套管

具体内容详见表19-5。

表19-5　　　　　SF$_6$/空气出线套管技术参数表

技术参数	指标
型式	户外、单相、复合绝缘出线套管
额定电压	550kV
额定电流	2500A
额定短时耐受电流及持续时间	63kA，2s
额定峰值耐受电流	160kA
绝缘水平	
额定1min工频耐压	740kV（有效值）
操作冲击耐受电压	1300kV（峰值）
雷电冲击耐受电压	1675kV（峰值）

19.2.4.5　电容式电压互感器

具体内容详见表19-6。

表19-6　　　　　电容式电压互感器技术参数表

技术参数	指标
型式	户外、电容式
系统标称电压	500kV
设备最高电压	550kV
绝缘水平	
额定1min工频耐压	
一次侧	740kV（有效值）
二次侧	3kV（有效值）
操作冲击耐受电压	1300kV（峰值）
雷电冲击耐受电压	1675kV（峰值）

19.2.4.6 氧化锌避雷器

具体内容详见表 19-7。

表 19-7   氧化锌避雷器技术参数表

技术参数	指标
型式	户外、线路型、复合外套、立式、氧化锌、无间隙
系统标称电压	500kV
设备最高电压	550kV
标称放电电流	20kA
额定电压	444kA
持续运行电压	324kA

19.2.4.7 柴油发电机组

具体内容详见表 19-8。

表 19-8   柴油发电机组技术参数表

技术参数	指标
型式	三相、户内开放型
额定电压	10kV
额定容量	1600kW
功率因数	0.8

注　1600kW 为通用设计中柴油发电机拟定容量，仅作为示例。

19.3　电气二次部分

电气二次部分设计包括计算机监控、500kV 继电保护、控制电源、火灾自动报警、视频监控及电子安防、通信等系统设计及屏柜的布置设计。

19.3.1　计算机监控系统

电站计算机监控系统采用开放式环境下的分层分布式体系结构，即采用功能及监控对象分布式方式，计算机监控系统的各种设备以节点的形式通过网络组件形成局域网，实现数据信息共享。根据监控对象的不同，设置相应的现地控制单元（LCU）。

开关站设置 500kV 现地控制单元（LCU），本单元监控范围包括 500kV 开关设备、500kV 电缆、500kV 系统继电保护装置、调度通信系统设备、开关站 220V 直流电源系统设备、不间断电源系统设备、开关站厂用电配电装置以及开关站内其他公用系统设备等。

19.3.2　500kV 继电保护系统

500kV 继电保护系统采用微机型保护装置，满足可靠性、选择性、灵敏性和速动性的要求；保护装置应技术先进、经济合理且有成熟的运行经验。

500kV 系统保护均采用两套完全冗余的保护系统，保护设备分别组屏，每套保护中的主保护应尽可能采用不同原理实现。

500kV 继电保护系统主要包括 4 套线路主保护和后备保护装置、4 套断路器保护及 8 套短引线保护装置、4 套 500kV 电缆保护装置、1 套失步解列装置、1 套行波故障测距装置、1 套功角测量装置、1 套 500kV 电能计费系统、1 套 500kV 故障录波装置和 1 套保护与故障信息管理系统等。以上保护装置均通过硬接线实现信息上送电站计算机监控系统。同时，通过通信连接到保护与故障信息管理系统，然后通过调度数据网实现与调度的通信。

19.3.3　控制电源系统

（1）直流电源系统。开关站设置 1 套 220V 高频开关直流电源系统，主要包含 3 套充电装置、2 组蓄电池、微机型监控模块、微机绝缘装置、微机电池巡检仪等。每套充电装置采用双路交流电源供电，每组蓄电池容量约为 400Ah。直流电源系统负责开关站现地控制单元（LCU）设备、开关站应急照明设备、配电及不间断电源装置等供电。开关站设置直流分屏用于 500kV 线路保护装置、断路器保护（包括 500kV 短引线保护）装置、500kV 计量系统、500kV 电缆保护装置、500kV 故障录波装置、500kV 行波测距装置、开关站卫星同步时钟测量装置、500kV 功角测量装置、500kV PT 转接屏、500kV 电缆接地监视屏及高压电缆温度监测屏（DTS）、开关站 10kV 开关柜及 0.4kV 开关柜等设备供电。

（2）交流电源系统。开关站设置 1 套 10kVA 不间断电源装置，主要供电气屏柜、通信系统交换机等设备使用，每套配置 2 台不间断电源装置。

19.3.4　火灾自动报警系统

火灾自动报警系统采用总线制加少量硬布线控制方式，以自动报警控制为主，手动报警控制为辅的设计原则。电站采用控制中心报警系统，选用自动化程度高、技术先进、性能稳定、抗干扰能力强和运行维护方便的智能型火灾自动报警设备。

电站消防控制中心设在地面中控楼中控室内，开关站设置火灾自动报警区域控制屏，对规范中要求直接控制的重要消防设备联动控制。

19.3.5　视频监控及电子安防系统

视频监控系统采用全数字式，配合计算机监控系统进一步完善"无人值班"（少人值守），使得电站运行人员在中控室就可看到各监视点现场的情况，对监视点进行正常的监视检查，在发生故障时可通过摄像头迅速查看，并作出判断。

中控室设置视频监控系统主控设备对视频监控系统进行集中监控，开关站设置视频监控区域控制盘，对开关站内主要电气设备运行状态、重要部位的安全及火灾进行监视。摄像机主要布置在电气设备房间内，如 GIS 室、变压器室、二次盘室、继电保护盘室、直流盘室、蓄电池室、通信设备盘室以及出入大门等，摄像头数量可结合实际电气房间数量及规模进行确定，以形成视频监控网络。

开关站设置 1 套周界报警控制系统，周界上布置 1 套入侵探测器，并将周界报警信号上传至中控室。现场报警控制设备和传输设备应采取防拆、防破坏措施。

19.3.6　通信系统

电站设置一套具有先进水平、功能完善的通信系统。利用该通信系统，对电站进行现代化管理，实现电站"无人值班"（少人值守），并确保电站安全运行。系统通信设备主要布置在开关站通信设备盘室，如光传输设备、PCM 设备及综合配线设备等。厂内通信设备主要布置在中控楼通信设备盘室，如音频交换设备、调度台及总配线设备等。厂内通信设备布置位置结合电站通信系统设计方案及电站枢纽建筑物布置格局也可布置在开关站通信设备盘室。

电站以两回 500kV 线路接入电力系统，作为电站与系统调度端之间的电话和数据信息传输通道，系统通信采用 OPGW 光纤通信方式，通过500kV 线路上的两回 OPGW 光缆电路实现电站与调度端的通信。

开关站通信设备采用直流不停电方式供电，采用双重化配置，设置两台智能型高频开关电源设备和两组 48V 阀控式密封铅酸蓄电池，每组蓄电池容量约为 200Ah。

19.3.7　GIS 室环境在线监测系统

GIS 室内配置 SF_6 气体在线监测系统，当 GIS 室内环境中 SF_6 气体含量超标或缺氧时进行报警，同时联动开启 GIS 室内通风机进行通风，并传送报警信号至计算机监控系统。GIS 室外入口处布置 GIS 室内通风机控制箱及 SF_6 气体在线监测报警装置。

19.4　开关站设备布置

开关站内布置有 GIS 楼、继保楼、出线场、柴油发电机房和门卫室。

GIS 楼首层布置 4 组 GIS 断路器间隔及控制盘等设备，地下设电缆层，便于电缆竖井中 500kV 高压电缆的引出以及与 GIS 设备的连接。

继保楼地上四层，地下一层。首层布置高、低压开关柜室、变压器室；二层布置电缆桥架；三层布置二次盘室、保护盘室、直流盘室及通信值班室等；四层布置通信电源室、通信设备室、蓄电池室及钢瓶间等；地下一层布置通风机房、消防水池及泵房。

户外出线场布置 2 组 500kV SF_6/空气套管，2 组电容式电压互感器，2 组避雷器和 2 组出线门型架。

为了在出线场设备的安全性评价工作中便于定期对盐密和灰密进行测量，出线门型架横梁两侧各安装一串（20 片）与带电悬垂绝缘子同型的零挂绝缘子。

以 1600kW 柴油发电机示例：柴油发电机房布置柴油发电机组、控制盘、日用油箱（1m³）、油泵和地下油罐（3m³）；日用油箱和地下油罐储存的油量可满足柴油发电机 8h 运行。具体工程中可根据选定的柴油发电机容量及要求的运行时间，确定地下油罐的容积。

门卫室布置了值班室和门卫值班人员休息生活的房间，包括厨房和卫生间，考虑夫妻岗。

19.5 土建部分

19.5.1 建筑专业设计说明

19.5.1.1 总平面设计

拟建开关站工程用地为长 180m、宽 48m 的矩形用地，场地按平地设计，用地面积 8640m²。

拟建用地内建筑包括 GIS 楼、继保楼、柴油发电机房、门卫室和出线场；场地设置一个主要出入口以及一条交通环路，场地内交通便利。

厂区入口布置门卫室和大门，沿进场道路一侧布置 GIS 楼、继保楼，GIS 楼的两侧布置出线场。柴油发电机房布置在门卫室后面。门卫室和柴油发电机房之间的空地处布置室外停车场及景观小品。

厂区内道路宽度 4m，道路转弯半径不小于 10m。

围墙设计为高度 2.5m 的实体围墙，采用高度为 1.8m 的电动推拉伸缩大门，大门内侧设防止汽车冲撞的装置。

19.5.1.2 建筑设计

拟建开关站包括 GIS 楼和继保楼，为分体式布置方式，GIS 楼与出线场为 "一" 字形布置方式。GIS 楼地下一层、地上一层，地上一层设置一台 10T 桥式起重机。继保楼地下一层，地上四层。继保楼地下一层布置：通风机房、消防水池、泵房、楼梯间；首层布置：公用变室、低压开关室、高压开关室、办公室、会议室、楼梯间、卫生间；二层布置：电缆夹层、楼梯间；三层布置：直流盘室、二次盘室、继电保护盘室、通信值班

室、卫生间、楼梯间等；四层布置：蓄电池室、通风机房、气体灭火钢瓶室、通信电源室、通信设备室、电气试验室、楼梯间等。

GIS 楼地下一层层高 5m，地上一层层高 16m；继保楼地下一层层高 5m，一层层高 4.4m，二层层高 2.8m，三层、四层层高均为 4.4m。

地下一层底板、外墙均外包防水卷材，外墙防水卷材高出地面 0.5m，外装修时将其覆盖，防水等级为一级。在地下水位较高或地下水丰富的地区，为防止外包防水层施工质量达不到要求或破坏，可根据地区实际情况，在地下一层室内设排水沟、集水坑和排水泵以排除地下水渗水。

19.5.1.3 建筑外观设计

建筑风格采用新古典式外观设计，采用坡屋顶造型，建筑力求大气简洁。

建筑外装修以外墙面砖为主，以大面积的浅雅灰色作为主基色，本方案为暖色系色调的方案。

在 GIS 楼和继保楼内人能够得着的地方，选用平开塑钢窗或铝合金窗，开启扇应加防虫网（纱扇）；在人够不着的地方，选用固定塑钢窗或铝合金窗，玻璃选用双层中空玻璃。

疏散外门选用平开钢质防盗门；厂房运输大门采用平开彩钢大门或钢质卷帘门；普通室内房间门选用木门；电气设备房间门选用防火门；防火分区隔墙上的门选用甲级钢质防火门。

19.5.1.4 室外景观设计

为了减少生产工作人员因长时间处在特定环境产生的疲劳感，通过景观设计创造出宜人舒心的室外环境，使人们能够产生轻松的体验和心情。

景观设计把靠近场地入口部分的区域作为重点进行处理，通过局部围合的装饰墙，营造出一个室外区域空间，以竹丛为主题，造就一个使人"舒心"的区域。竹丛配以旁边的白卵石和青石板铺地（也可采用砌立砖），青翠的颜色会显得更加纯净，室外空间让人感觉宁静和亲切。装饰墙上还可以开出有趣的图案，为厂区增添一丝文化气息。

所有入口都配以铺地，方便停车，建筑的主要入口还结合建筑形态砌筑出花台。

19.5.1.5 建筑消防设计

本工程主要生产类别以丁类为主，柴油发电机房及其储油间为丙类、其耐火等级为一级，其余耐火等级为二级。

建筑防火间距：大于等于 10m，厂区设置消防环路。

地下一层设置两个防火分区，每个分区不大于 1000m²。每个防火分区用防火墙和甲级防火门分隔。地上按一个防火分区考虑。

GIS 楼首层设两个直通室外的安全出口，继保楼首层设置两个安全出口，一至四层设置一部疏散楼梯。

GIS 楼地下一层设两部疏散楼梯，继保楼地下一层设置一部疏散楼梯，满足规范的要求。

电缆层消防设计应满足消防规范和当地消防部门的要求，设置合适的防火设施。

19.5.1.6 技术经济指标

（1）用地面积：8640m²

（2）建筑基底面积：1692m²。

GIS 楼：1000m²。

继保楼：500m²。

柴油发电机房：143m²。

门卫室：49m²。

（3）建筑面积：4692m²。

GIS 楼：2000m²。

继保楼：2500m²。

柴油发电机房：143m²。

门卫室：49m²。

（4）建筑层数：地上一至四层，地下一层。

（5）建筑高度：16m。

（6）防火等级：柴油发电机房及其储油间为一级，其余为二级。

（7）屋面防水等级：一级。

（8）地下室防水等级：一级，地下室底板和外墙均外包卷材防水。

19.5.1.7 建筑装修

具体内容详见表 19－9 至表 19－11。

表 19－9

室 内 装 修 表

建筑名称	房间名称	楼、地面	踢脚、墙裙	内墙	顶棚
GIS 楼	地下一层	水泥砂浆地面	水泥踢脚	耐擦洗内墙涂料墙面	耐擦洗内墙涂料顶棚
	一层	自流平楼面或地砖楼面	水泥油漆踢脚或地砖踢脚	耐擦洗内墙涂料墙面	耐擦洗内墙涂料顶棚
	楼梯间	地砖楼地面	地砖踢脚	耐擦洗内墙涂料墙面	耐擦洗内墙涂料顶棚
继保楼	电梯厅、门厅、走廊	地砖楼地面	地砖踢脚	耐擦洗内墙涂料墙面	耐擦洗内墙涂料顶棚
	公用变室	地砖地面	地砖踢脚	耐擦洗内墙涂料墙面	耐擦洗内墙涂料顶棚
	消防水泵房	防滑地砖地面	地砖踢脚	耐擦洗内墙涂料墙面	耐擦洗内墙涂料顶棚
	高、低压开关室	地砖楼面	地砖踢脚	耐擦洗内墙涂料墙面	耐擦洗内墙涂料顶棚
	直流盘室、二次盘室、保护盘室	地砖楼面	地砖踢脚	耐擦洗内墙涂料墙面	耐擦洗内墙涂料顶棚
	通信设备室	地砖楼面	地砖踢脚	耐擦洗内墙涂料墙面	耐擦洗内墙涂料顶棚
	气体灭火钢瓶室	地砖楼面	地砖踢脚	耐擦洗内墙涂料墙面	耐擦洗内墙涂料顶棚

建筑名称	房间名称	楼、地面	踢脚、墙裙	内墙	顶棚
继保楼	办公室、会议室、值班室	地砖楼面	地砖踢脚	耐擦洗内墙涂料墙面	防潮石膏板吊顶
	电缆夹层	细石混凝土楼面	水泥踢脚	耐擦洗内墙涂料墙面	耐擦洗内墙涂料顶棚
	强电间、弱电间、竖井、管道井	混凝土楼地面		1∶2.5水泥砂浆，刷白	白水泥浆
	通风机房、空调机房	混凝土楼地面	水泥踢脚	矿棉吸声板内墙面	矿棉吸声板顶棚
	库房、工具间	地砖楼面	地砖踢脚	耐擦洗内墙涂料墙面	耐擦洗内墙涂料顶棚
	卫生间	防滑地砖防水楼地面		瓷砖内墙面（防水层到顶）	铝扣板吊顶
	楼梯间	地砖楼地面	地砖踢脚	耐擦洗内墙涂料墙面	耐擦洗内墙涂料顶棚
柴油发电机房	控制盘室	地砖地面	地砖踢脚	耐擦洗内墙涂料墙面	耐擦洗内墙涂料顶棚
	机房、储油间	不发火混凝土地面	水泥踢脚	耐擦洗内墙涂料墙面	耐擦洗内墙涂料顶棚
门卫室	门卫、值班、住宿	地砖地面	地砖踢脚	耐擦洗内墙涂料墙面	耐擦洗内墙涂料顶棚
	卫生间	防滑地砖防水地面		瓷砖（防水层到顶）	铝扣板吊顶
	厨房	防滑地砖防水地面		瓷砖内墙面	铝扣板吊顶

表 19 - 10　　　　室外工程做法表

编号	名称	备注
散水	混凝土散水	
台阶	室外地砖台阶	
坡道	混凝土坡道	
道路	混凝土道路	
铺地	室外地砖或混凝土铺地	

表 19 - 11　　　　室外装修做法表

编号	名称	备注
屋面	挂瓦屋面＋卷材防水＋保温层	坡屋顶的闷顶可作为隔热层
外墙面	外墙面砖、外墙涂料外墙面	
地下防水	柔性卷材防水	

19.5.2　结构专业设计说明

19.5.2.1　工程概况

本建筑组团包括 GIS 楼、继保楼、门卫室、柴油发电机房、出线场、围墙等部分。GIS 楼地下一层、地上一层，地上布置一台 10t 的桥式起重机。继保楼地下一层，地上四层。主体结构采用现浇钢筋混凝土框架结构，筏板基础。

柴油发电机房为单层建筑物，采用现浇钢筋混凝土框架结构，独立柱基。门卫室为单层建筑，采用现浇钢筋混凝土框架结构，独立柱基，也可采用砌体结构，条形基础。出线构架支架可采用钢管或钢管混凝土、横梁采用钢桁架结构。如地形条件只满足设置一座第一基塔或第一基塔的基础与出线场地面高程相差较大，应充分考虑门型架的受力设计及按实际情况和相关规范修正门型架布置设计。

19.5.2.2　结构设计基本资料

（1）主体结构设计使用年限：50年。

（2）建筑结构安全等级：根据电站等级确定其安全等级，为一级或二级。

（3）建筑抗震设防类别：GIS楼、继保楼、柴油发电机房为重点设防类（乙类）；值班室为标准设防类（丙类）。

（4）地面粗糙度为B类或A类。

（5）风荷载、雪荷载按工程所在地的位置结合我国现行规范来确定。

（6）建筑物抗震等级：GIS楼地下为二级、地上为一级；继保楼地下为三级、地上为二级；柴油发电机房、值班室为三级。

（7）建筑物地基基础设计等级为丙级或乙级。

19.5.2.3　活荷载标准值

具体内容详见表19-12。

表19-12　　　　　　　活荷载标准值表

房间名称	活荷载标准值/（kN/m²）
办公室、值班室	3.0
会议室	4.0
卫生间	2.5
走廊、楼梯	3.5
阳台	2.5
上人屋面	2.0
不上人屋面	0.5
高低压开关柜室	4.0
通风机房	7.0
蓄电池室	6.0
通信电源室、通信设备室	6.0
GIS室	20.0

GIS室应根据具体工程不同厂家产品综合考虑断路器操作时垂直荷载、水平荷载以及运输车是否进入GIS层确定。

GIS室内布置10t桥式起重机一台。

19.5.2.4　材料

混凝土：基础垫层采用C15混凝土，主体结构采用C30混凝土，地下室混凝土抗渗等级为P6。

钢筋：HPB300级和HRB400级。

吊钩、吊环采用HPB300钢，不得采用冷加工钢筋。

钢材：Q235和Q345。

砌体：承重砌体采用Mu15蒸压灰砂砖、黏土空心砖（非限黏地区）或Mu10黏土砖（非限黏地区），±0.000以下不得采用空心砖或空心砌块。±0.000以下采用M5水泥砂浆，±0.000以上M5混合砂浆。本条适用于警卫室和围墙。

框架结构填充墙砌体：A3.5蒸压加气混凝土砌块，Mb5混合砂浆，砌块容重不大于8kN/m³。

排水沟可采用Mu30毛石和M5水泥砂浆砌筑。也可采用现浇钢筋混凝土结构，采用混凝土结构时，用C20混凝土。

手工焊时HPB300级钢筋、Q235钢材采用E43××型焊条；HRB400级钢筋、Q345钢材采用E50××型焊条，钢筋与钢材焊接随钢筋定焊条型号。

19.5.3　通风、消防及给排水专业设计说明

19.5.3.1　供暖通风设计

供暖通风设计包括通风系统、VRV空调系统、防排烟及事故（后）通风等系统设计、设备布置。

（1）GIS楼、继保楼通风系统设计。GIS楼为地下一层、地上一层；继保楼为地下一层、地上四层。其中开关楼、继保楼地下一层房间通风方式采用机械送、排风，GIS楼地上一层通风方式采用自然送风、机械排

风。考虑到 GIS 楼一层有事故通风要求，排风量按事故通风量校核，设计采用平时排风及事故时排风 2 套通风系统，平时通风按不小于 2 次/h 换气设计，事故时按不小于 4 次/h 换气设计，排风管道设置在地面上母线管道附近，能有效排除泄漏的 SF_6 有害气体。

蓄电池室、钢瓶间均设独立的排风系统，排风机采用防爆风机，排风直接排至室外。蓄电池室通风设测氢监测装置控制。

（2）出线竖井通风系统设计。为保证出线洞内敷设的电缆运行环境温度不致过高，设计在出线平洞及出线竖井的每一个电缆分隔段内设置通风，通风系统的设计为机械送、排风，串、并联布置，其中送风引自地下厂房。出线竖井排风机设置在 GIS 楼一层的通风机房。

出线竖井内楼梯间及合用前室，分别设置有正压送风系统。因设计出线竖井深度超过 200m，楼梯间及合用前室的正压送风竖井均为 2 组，分上、下两个区域。4 台正压送风机设置在 GIS 楼一层的通风机房。

（3）柴油发电机房通风系统设计。柴油发电机房设有事故通风系统，通风方式采用自然送风、机械排风。

（4）继保楼空调系统设计。在继保楼设计 VRV 空调系统，室内机安装在房间吊顶内，室外机安装在继保楼室外地面的基础上。

19.5.3.2　消防及给排水系统设计

消防及给排水系统设计范围包括 GIS 楼、继保楼的消火栓系统及继保楼、门卫室生活给排水系统。

（1）消防系统设计及设备布置。

1）消防供水系统。在 GIS 楼和继保楼设置了室内、室外消火栓系统。按一个着火点最大消防用水量设计，根据《水电工程设计防火规范》（GB 50872—2014）相关规定，地面 GIS 楼和继保楼设室内及室外消火栓，其中室内消火栓水量为 10L/s，室外消火栓水量按 20L/s，火灾延续时间按 2h 设计，消防用水量为 216m^3。继保楼地下一层设有效容积为 250m^3 的消防水池和消防水泵房，在消防水泵房内布置 2 台消防水泵，一备一用，流量 108m^3/h，扬程 60m，功率 30kW；消防系统稳压设备设在消防水泵房内，有效容积为 12m^3 的高位消防水箱设置在顶层水箱间内。

从继保楼地下消防水泵后引两根 DN100 的消防供水管路，供给开关站室内、室外消火栓。GIS 楼地下一层、首层各设 6 套室内消火栓；继保楼部分地下一层到地上四层，每层分别设 2 套消火栓，在顶层楼梯间高处设 1 套试验消火栓。室内消火栓箱均设手动消防水泵启泵按钮。

地面出线场位于 GIS 楼的两侧，设室外消火栓 3 套。

柴油机房建筑面积较小，只布置室外消火栓，由于和继保楼相邻，因此与继保楼共用室外消火栓。

2）消防器材。本开关站火灾类型含 A、B、C、E 4 类，火灾危险性含中危险级和轻危险级，为方便采购和管理，所有手提式灭火器的配置基准按照 2A 或 55B。在不同的场所，根据不同需要配置磷酸胺盐干粉灭火器、泡沫灭火器、二氧化碳灭火器等。

消火栓箱采用国标图集 04S202 中戊型消火栓箱，栓口距地面 1.1m。消火栓箱内设 SN65 消火栓，配备 ϕ19mm 口径水枪及 DN65、25m 长衬胶水龙带以及消防卷盘。

3）设备消防。500kV GIS、开关楼变压器、高压开关柜、低压开关柜等均选用无油设备。GIS 楼地下一层电缆室及继保楼电缆层，电缆消防设计应满足消防规范和当地消防部门的要求，设置合适的防火设施。

（2）给排水系统设计及设备布置。

1）生活给水系统。地面开关站生活给水水源为继保楼地下一层消防水池，生活给水主要用于继保楼、门卫室卫生间用水。生活用水在消防水泵房经过滤、消毒等水处理设备处理，达到饮用水卫生标准后由生活水供水设备至各用水点。

2）生活排水系统。地面开关站室外地面下设有化粪池，继保楼、门卫室排出的污水进入化粪池，由排水管引入室外的污水处理系统（包括调节池、缺氧池、MBR 池、清水池等），经综合生物污水处理设备处理达到排放标准后就近排放。

第 20 章　主　要　设　备　清　册

20.1　电气一次主要设备清册

具体内容详见表 20-1。

20.2　电气二次主要设备清册

具体内容详见表 20-2。

表 20-1　电气一次主要设备清册表

序号	项目名称	技术参数	单位	数量	布置地点	备注
1	500kV 电力电缆		—	—	—	
1.1	超高压电力电缆	290/500kV，XLPE $1\times800mm^2$（或 $1000mm^2$），63kA/2s	m	—		
1.2	全干式电缆终端	290/500kV，$I_n\geqslant1000A$，63kA/2s	只	6		不含地下 6 只
2	500kV GIS	—	套	1	—	
2.1	高压断路器	GIS-550kV，$I_n=2500A$，63kA，63kA/2s，160kA	组	4		
2.2	SF_6/空气套管	GIS-550kV，$I_n=2500A$，63kA/2s	只	6		
3	500kV 出线场设备	550kV，$\dfrac{500}{\sqrt3}/\dfrac{0.1}{\sqrt3}$kV	套	1		
3.1	电容式电压互感器	—	台	6		
3.2	避雷器	ZnO，$U_n=444kV$，20kA	台	6		
3.3	500kV 设备连接导线	2xLGJQT-1400	m	300	—	
3.4	500kV 线夹	2xLGJQT-1400 配套线夹	个	42	—	
4	开关站配电系统		—	—		
4.1	柴油发电机组	1600kW，10kV，$\cos\varphi=0.8$	套	1	柴油机房	
4.2	继保楼变压器	三相干式，带外壳，无激磁调压，10/0.4kV	台	2	继保楼地下一层	
4.3	高压开关柜	中置式真空开关柜，12kV	面	4	继保楼首层	
4.4	低压开关柜	抽屉式开关柜，0.4kV	面	7	继保楼首层	其中逆变装置 1 套，应急照明盘 1 面

序号	项目名称	技术参数	单位	数量	布置地点	备注
1	计算机监控系统	—	—	—	继保楼三层	
1.1	开关站 LCU 柜	PLC	面	3	—	
2	500kV 继电保护系统	—	—	—	继保楼三层	
2.1	500kV 线路保护柜	数字式	面	4	—	含后备保护
2.2	500kV 电缆保护柜	数字式	面	8	—	
2.3	500kV 断路器保护柜	数字式	面	4	—	含 8 套短引线保护
2.4	故障录波装置柜	—	面	2	—	
2.5	电能计量柜	—	面	1	—	
2.6	保护与故障信息管理系统	—	套	1	—	
2.7	功角测量柜	—	面	1	—	
2.8	行波测距柜	—	面	1	—	如有
2.9	失步解列柜	—	面	1	—	
2.10	卫星同步时钟测量柜	—	面	1	—	
3	控制电源系统	—	—	—	继保楼三、四层	
3.1	直流电源系统	—	—	—	—	
3.1.1	蓄电池组	400Ah	组	2	—	DC 220V
3.1.2	充电装置柜	—	面	3	—	
3.1.3	馈线柜	—	面	2	—	
3.1.4	联络柜	—	面	1	—	
3.2	不间断电源系统	—	—	—	—	
3.2.1	不间断电源	10kVA	面	2	—	AC 220V
4	火灾自动报警系统	—	—	—	继保楼三层	
4.1	开关站区域控制盘	—	面	1	—	
5	视频监控及电子安防系统	—	—	—	继保楼三层	
5.1	开关站区域控制盘	—	面	1	—	
5.2	入侵探测器	—	套	1	—	
6	通信系统	—	—	—	继保楼四层	
6.1	综合配线柜	—	面	1	—	
6.2	光传输设备柜	—	面	2	—	
6.3	PCM 柜	—	面	2	—	
6.4	通信电源柜	—	面	2	—	
6.5	通信蓄电池柜	200Ah	面	2	—	DC 48V

20.3 供暖通风、消防及给排水主要设备清册

具体内容详见表 20-3。

表 20-3　供暖通风、消防及给排水主要设备清册表

序号	项目名称	技术参数	单位	数量	布置地点	备注
1	通风					
1.1	GIS 楼送风机	HTFC-Ⅰ-28 风量：28590m³/h　风压：292Pa 功率：7.5kW　转速：450r/min	台	1	GIS 楼地下一层通风机房	
1.2	GIS 楼地下一层排风机	HTFC-Ⅰ-28 风量：28590m³/h　风压：292Pa 功率：7.5kW　转速：450r/min	台	1	GIS 楼地下一层	
1.3	GIS 楼事故排风	HTFC-Ⅲ-No33 风量：39314m³/h　风压：435Pa 功率：11kW　转速：400r/min	台	1	GIS 楼	
1.4	GIS 楼平时排风	CDZ-No10 风量：29999m³/h　风压：208Pa 功率：3kW　转速：720r/min	台	1	GIS 楼	
1.5	出线竖井排风机	DTF-Ⅰ-7-1 风量：19450m³/h　风压：721Pa 功率：7.5kW　转速：1450r/min	台	1	GIS 楼一层通风机房	
1.6	消防楼梯间正压送风机（上部）	SWF-Ⅰ-No7 风量：18800m³/h　风压：329Pa 功率：3kW　转速：1450r/min	台	1	GIS 楼一层通风机房	
1.7	合用前室正压送风机（上部）	SWF-Ⅰ-No7 风量：15319m³/h　风压：370Pa 功率：3kW　转速：1450r/min	台	1	GIS 楼一层通风机房	
1.8	消防楼梯间正压送风机（下部）	DTF-Ⅰ-6.5-1 风量：19134m³/h　风压：466Pa 功率：4kW　转速：1450r/min	台	1	GIS 楼一层通风机房	
1.9	合用前室正压送风机（下部）	DTF-Ⅰ-6-1 风量：16275m³/h　风压：476Pa 功率：5.5kW　转速：2900r/min	台	1	GIS 楼一层通风机房	

续表

序号	项目名称	技术参数	单位	数量	布置地点	备注
1.10	蓄电池室排风机	BT35-No5 风量：7841m³/h　风压：156Pa 功率：0.75kW　转速：1450r/min	台	1	继保楼	
1.11	钢瓶间排风机	BT35-11-No3.15 风量：1689 m³/h　风压：52Pa 功率：0.12kW	台	1	钢瓶间	
1.12	继保楼送风机	HTFC-Ⅰ-28 风量：28590m³/h　风压：292Pa 功率：7.5kW　转速：450r/min	台	1	继保楼地下一层通风机房	
1.13	继保楼排风机	HTFC-Ⅰ-28 风量：28590m³/h　风压：292Pa 功率：7.5kW　转速：450r/min	台	1	继保楼四层通风机房	
1.14	卫生间排气扇	BPT10-12-BH 风量：120 m³/h 功率：0.046kW	台	2	继保楼卫生间	
1.15	柴油发电机房排风机	BT35-11-No3.15 风量：3076 m³/h　风压：180Pa 功率：0.37kW　转速：2900r/min	台	1	柴油发电机房	
2	空调					
2.1	空调室内机（嵌入式四面出风）	FXFP45KMVC $Q_冷=4.5$kW　$N=0.097$kW	台	2		
2.2	空调室内机（导管暗藏）	FXFP71KMVC $Q_冷=7.1$kW　$N=0.118$kW	台	12		
2.3	空调室外机	RHXYQ32PY1（RHXYQ16PY1x2） $Q_冷=90$kW　$N=28.4$kW	台	1	继保楼室外地面上	
3	消防					
3.1	消防供水泵	XBD4/25-125L $Q=108$m³/h　$H=60$mH₂O $N=30$kW	台	2	继保楼地下一层消防泵房	一用一备
3.2	消防系统定压设备	ZW-Ⅰ-X-10 $Q=18$m³/h　$H=25$mH₂O $N=1.5$kW	套	1	继保楼地下一层消防泵房	

序号	项目名称	技术参数	单位	数量	布置地点	备注
3.3	高位消防水箱	有效容积：12m³	台	1	继保楼顶层消防水箱间	
3.4	消火栓	单栓 SN65ϕ19 喷雾水枪 水龙带 25m	套	23	—	
3.5	试验消火栓	单栓 SN65ϕ19 喷雾水枪 水龙带 25m	套	1	—	
3.6	室外地上式消火栓	SA100/65 - 1.6	套	3	—	
3.7	手提式磷酸铵盐干粉灭火器	MF/ABC5（灭火剂 5kg）	具	50	—	
3.8	电缆层灭火系统	—	套	1	—	
4	给排水	—	—	—		
4.1	生活水供水设备	2DRL2 - 3 $Q=1m^3/h$ $H=40mH_2O$ $N=4kW$	套	1	继保楼地下一层消防泵房	

序号	项目名称	技术参数	单位	数量	布置地点	备注
4.2	生活水处理设备	$Q=1m^3/h$	套	1	继保楼地下一层消防泵房	包括过滤器及消毒器等
4.3	污水处理设备	$Q=1.5m^3/h$	套	1	室外	包括调节池、缺氧池、MBR池、清水池等
4.4	潜污泵	Flygt M3085 HT253 $Q=7.5\ m^3/h$ $H=6.2mH_2O$ $N=2.4kW$	台	4	继保楼地下一层、GIS楼地下一层泵坑	

第21章 设 计 图

设计图纸目录见表 21 - 1。

表 21 - 1　　　　　设计图纸目录表

图号	名称
图 21 - 1	电气主接线图
图 21 - 2	开关站全景图（一）
图 21 - 3	开关站全景图（二）
图 21 - 4	开关站俯视图
图 21 - 5	开关站设备全景图
图 21 - 6	门卫室布置图
图 21 - 7	GIS楼、继保楼立面视图

图号	名称
图 21 - 8	GIS楼设备布置剖面图
图 21 - 9	继保楼设备布置剖面图
图 21 - 10	GIS楼、继保楼地下一层设备布置图
图 21 - 11	GIS楼、继保楼一层设备布置图
图 21 - 12	GIS楼、继保楼二层设备布置图
图 21 - 13	GIS楼、继保楼三层设备布置图
图 21 - 14	GIS楼、继保楼四层设备布置图
图 21 - 15	柴油发电机房布置图

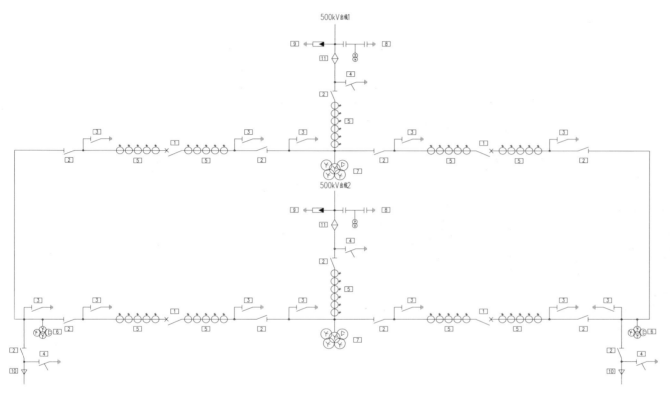

主要电气设备表

序号	设备名称	规 格 型 号	单位	数量	备注
1	断路器	550kV，In=2500A，63kA	组	4	
2	隔离开关	Un=550kV，In=2500A，63kA/2s	组	12	
3	接地开关	Un=550kV，In=2500A，63kA/2s	组	12	
4	快速接地开关	Un=550kV，In=2500A，63kA/2s	组	4	
5	电流互感器	550kV，2500/1A	只	156	
6	电压互感器	550kV，$\frac{500}{\sqrt{3}}/\frac{0.1}{\sqrt{3}}/\frac{0.1}{\sqrt{3}}/0.1$kV	只	6	
7	电压互感器	550kV，$\frac{500}{\sqrt{3}}/\frac{0.1}{\sqrt{3}}/\frac{0.1}{\sqrt{3}}/\frac{0.1}{\sqrt{3}}/0.1$kV	只	6	
8	电容式电压互感器	550kV，$\frac{500}{\sqrt{3}}/\frac{0.1}{\sqrt{3}}$ kV	台	6	
9	避雷器	Un=444kV，20kA	只	6	
10	500kV 电缆终端	Un=500kV，1000A	只	6	
11	SF₆/空气出线套管	Un=500kV，2500A	只	6	

图 21-1 电气主接线图

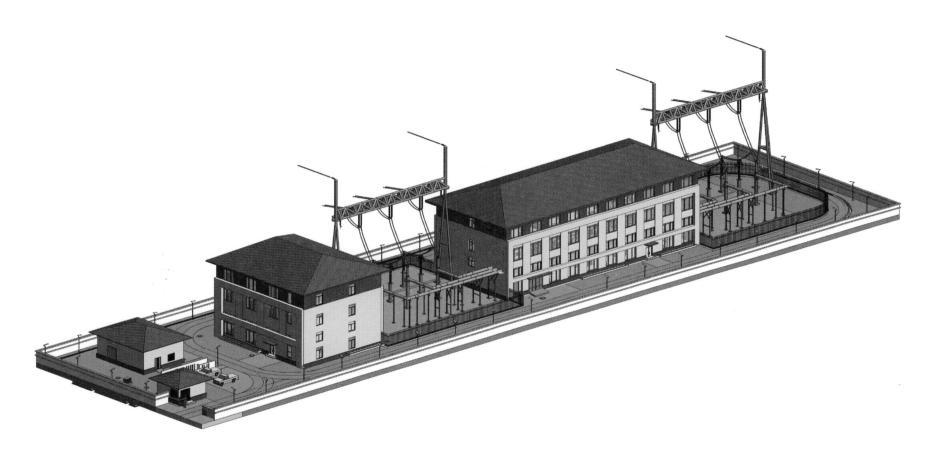

图 21-2 开关站全景图（一）

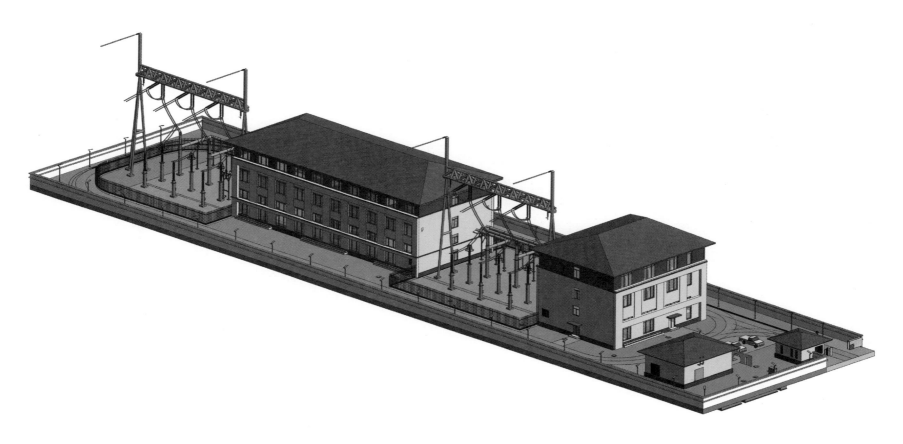

图 21－3　开关站全景图（二）

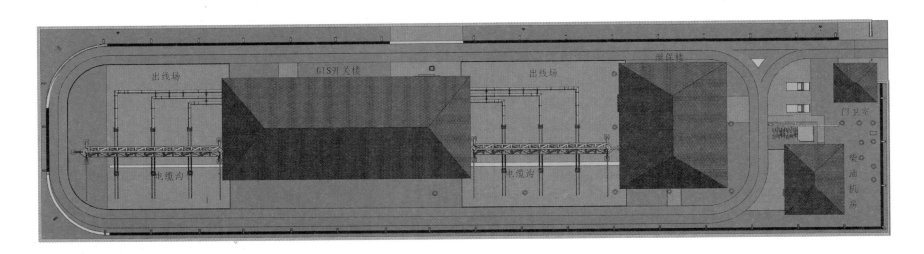

图 21-4　开关站俯视图

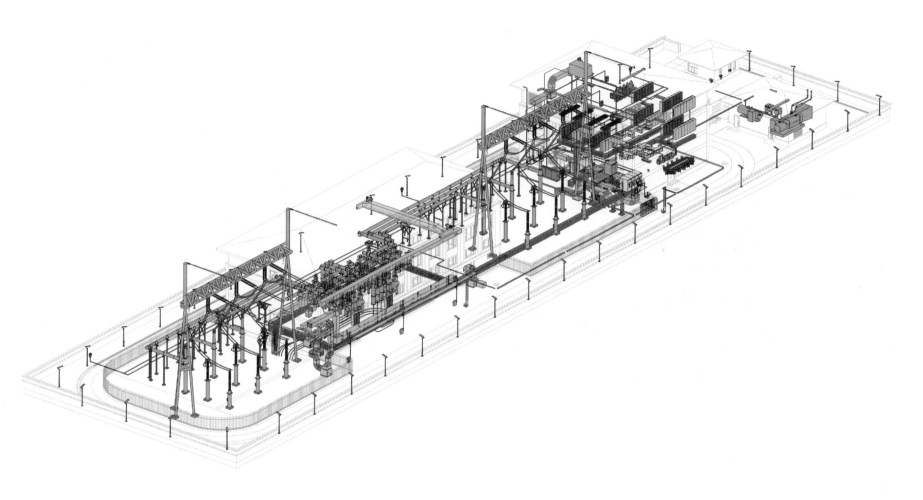

图 21-5 开关站设备全景图

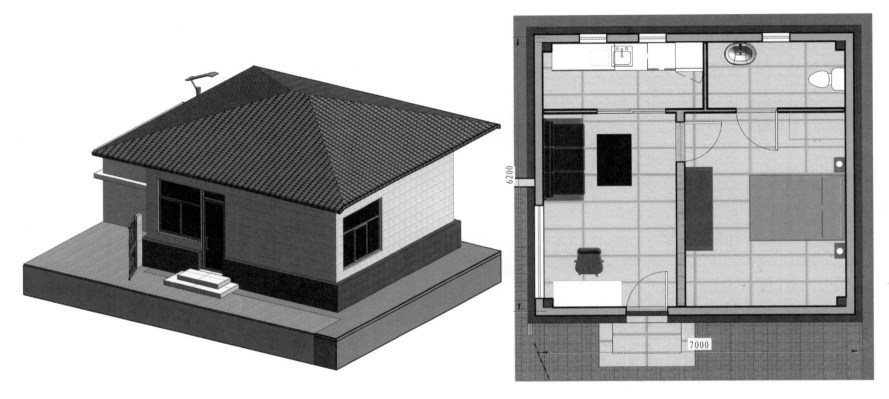

门卫室建筑外观三维图　　　　　　　　　　　　　门卫室布置平面图

图 21-6　门卫室布置图

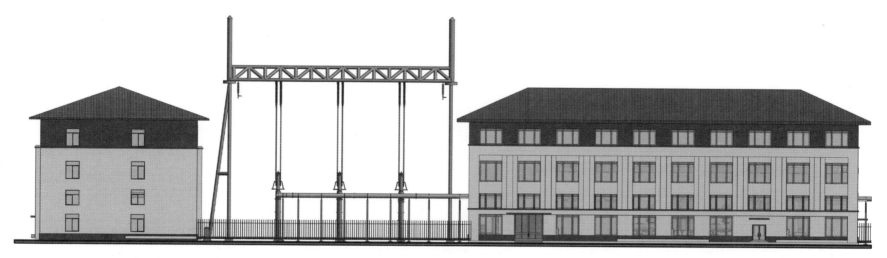

GIS楼、继保楼正视图

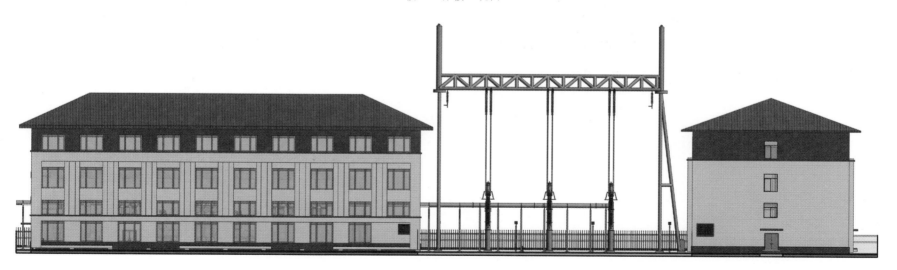

GIS楼、继保楼背视图

图 21-7　GIS 楼、继保楼立面视图

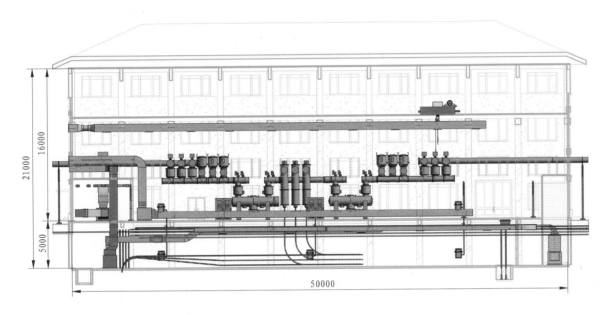

GIS楼设备布置纵剖图

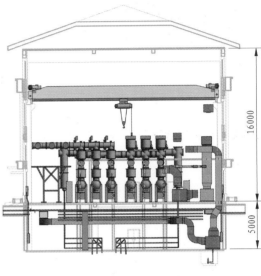

GIS楼设备布置横剖图

图 21-8　GIS 楼设备布置剖面图

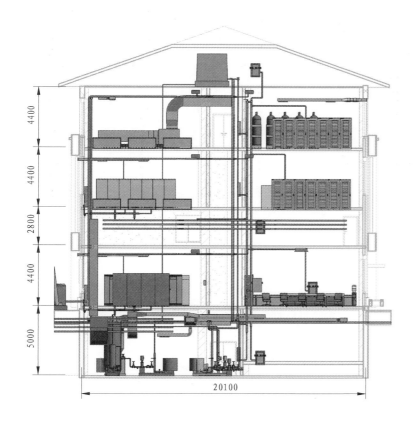

4400

4400

2800

4400

5000

20100

继保楼设备布置横剖图

4500

4400

2800

4400

5000

25100

继保楼设备布置纵剖图

图 21-9　继保楼设备布置剖面图

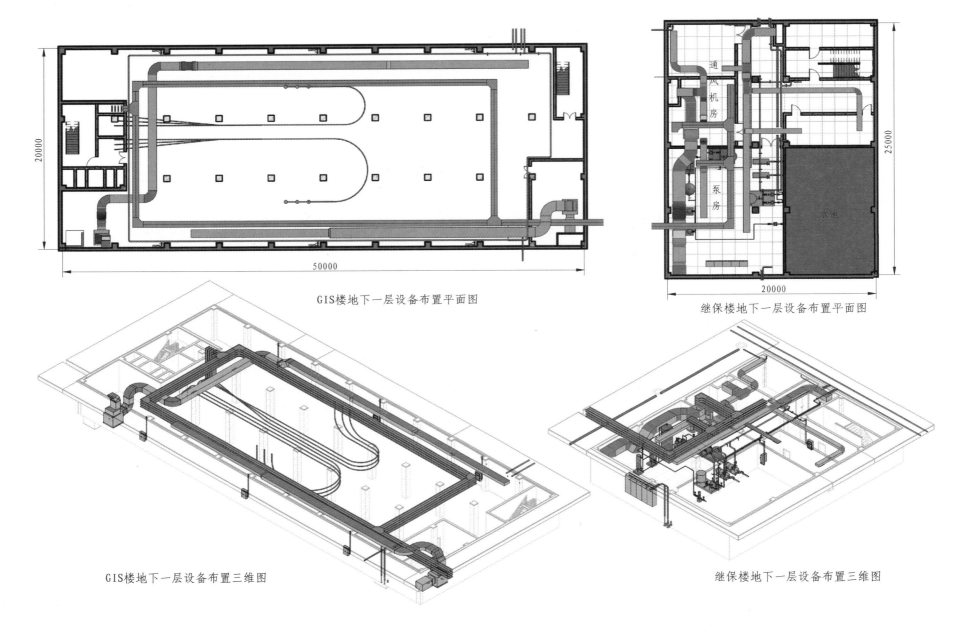

GIS楼地下一层设备布置平面图

继保楼地下一层设备布置平面图

GIS楼地下一层设备布置三维图

继保楼地下一层设备布置三维图

通风机房

泵房

水池

20000

50000

25000

20000

图 21-10　GIS 楼、继保楼地下一层设备布置图

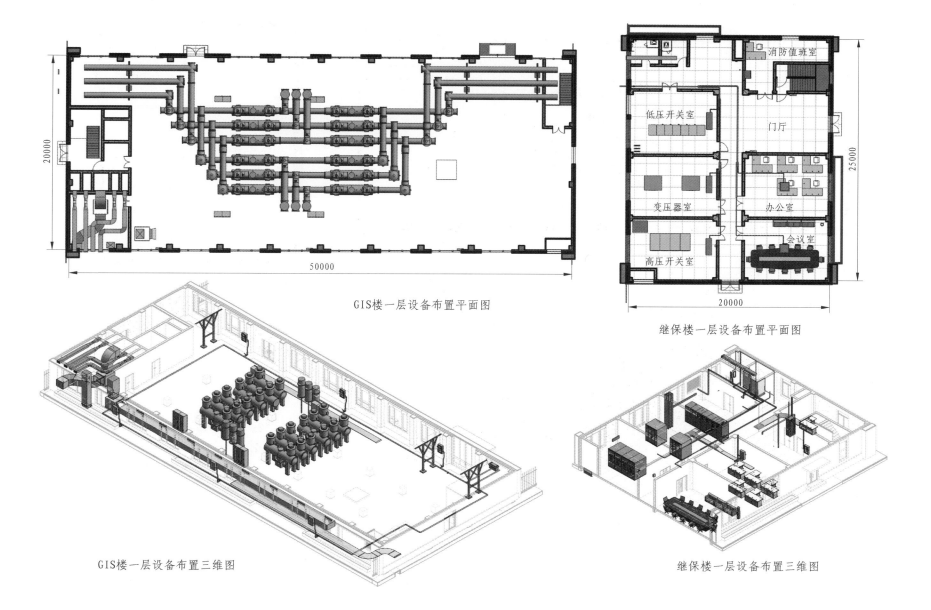

GIS楼一层设备布置平面图

继保楼一层设备布置平面图

消防值班室

低压开关室

门厅

变压器室

办公室

高压开关室

会议室

GIS楼一层设备布置三维图

继保楼一层设备布置三维图

图 21-11　GIS 楼、继保楼一层设备布置图

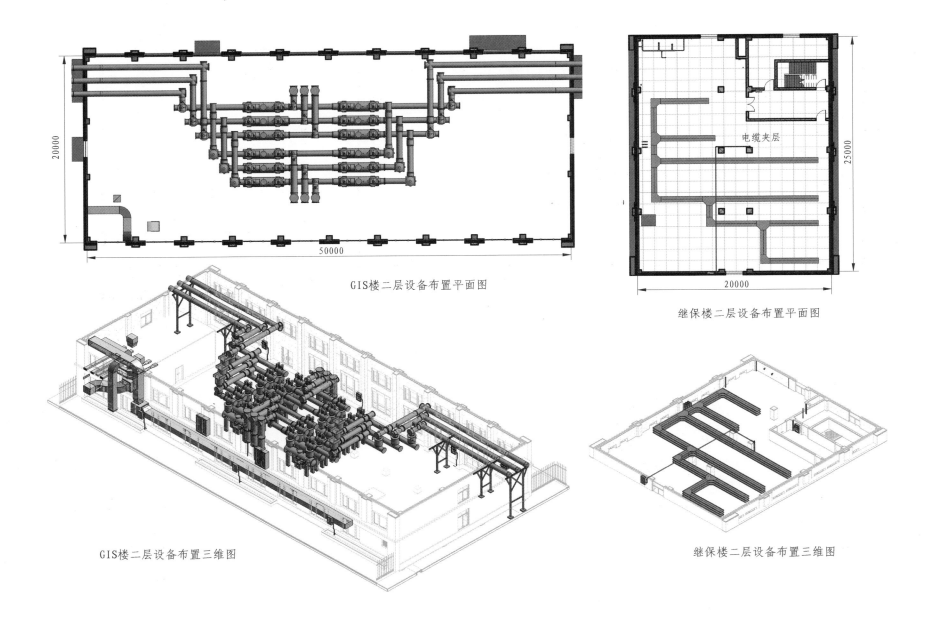

GIS楼二层设备布置平面图

电缆夹层

继保楼二层设备布置平面图

GIS楼二层设备布置三维图

继保楼二层设备布置三维图

图 21-12　GIS 楼、继保楼二层设备布置图

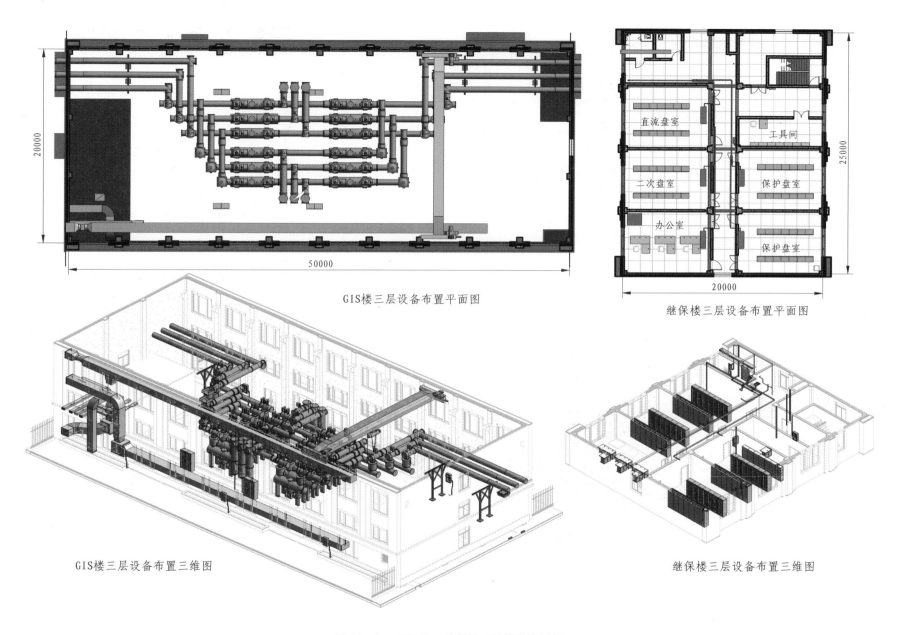

GIS楼三层设备布置平面图

继保楼三层设备布置平面图

直流盘室

工具间

二次盘室

保护盘室

办公室

保护盘室

GIS楼三层设备布置三维图

继保楼三层设备布置三维图

图 21-13 GIS楼、继保楼三层设备布置图

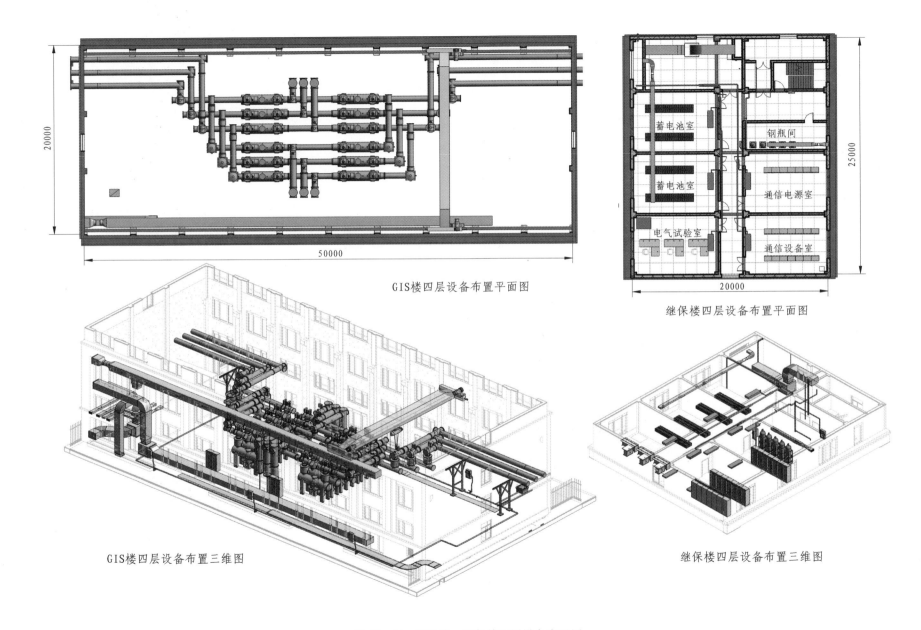

GIS楼四层设备布置平面图

继保楼四层设备布置平面图

GIS楼四层设备布置三维图

继保楼四层设备布置三维图

图 21-14　GIS 楼、继保楼四层设备布置图

柴油发电机房建筑外观三维图

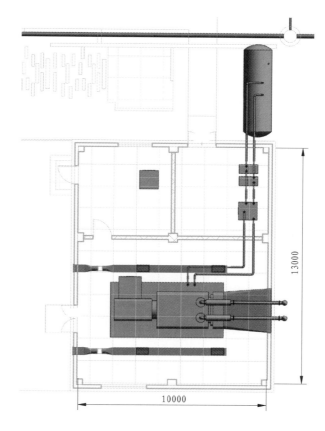

柴油发电机房布置平面图

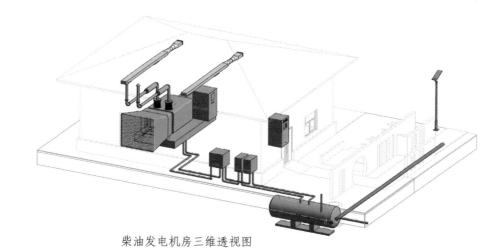

柴油发电机房三维透视图

图 21-15　柴油发电机房布置图